"十四五"职业教育河南省规划教材

首届河南省教材建设奖优秀教材

建筑工程计量与计价
（第2版）

牛志鹏　主编

U0202059

西北工业大学出版社

西　安

【内容简介】 本书采用全新的编写形式,注重课程与实践的有机结合,以造价人员岗位核心职业能力目标构建知识体系,以项目为载体,以任务为导向组织内容。全书涉及多个工作领域,内容涵盖工程项目划分、建筑工程定额的应用、基数计算、工程计价文件的编制、房屋建筑与装饰工程计量与计价等。

本书具有实用性、系统性和先进性,既可作为高等职业学校建筑工程技术、工程造价、工程监理及相关专业的教材,也可作为建筑行业从业人员继续教育和建筑业执业资格考试的参考书。

图书在版编目(CIP)数据

建筑工程计量与计价 / 牛志鹏主编. — 2 版. — 西安 : 西北工业大学出版社,2024.2
ISBN 978 - 7 - 5612 - 9211 - 2

Ⅰ. ①建… Ⅱ. ①牛… Ⅲ. ①建筑工程–计量–高等职业教育–教材②建筑造价–高等职业教育–教材 Ⅳ. ①TU723.3

中国国家版本馆 CIP 数据核字(2024)第 026060 号

JIANZHU GONGCHENG JILIANG YU JIJIA

建 筑 工 程 计 量 与 计 价
牛志鹏 主编

责任编辑:付高明	策划编辑:杨 睿	
责任校对:朱晓娟	装帧设计:薛静怡	

出版发行:西北工业大学出版社
通信地址:西安市友谊西路 127 号　　　邮编:710072
电　　话:(029)88491757,88493844
网　　址:www.nwpup.com
印　刷　者:西安五星印刷有限公司
开　　本:787 mm×1 092 mm　　　1/16
印　　张:17
字　　数:403 千字
版　　次:2016 年 8 月第 1 版　　2024 年 2 月第 2 版　　2024 年 2 月第 1 次印刷
书　　号:ISBN 978 - 7 - 5612 - 9211 - 2
定　　价:55.00 元

前　言

中国共产党第二十次全国代表大会(简称党的二十大)报告指出:"教育、科技、人才是全面建设社会主义现代化国家的基础性、战略性支撑。"本书坚持落实立德树人的根本任务,坚持以创新的教材体系,响应人才强国的战略部署。

本书以造价员的岗位标准和职业能力为依据,以学生职业能力培养为重点,按照实际工作任务、工作过程和教学情境组织编写,体现了为培养专业技能型人才服务的教学理念。

本书以实际工程项目任务为载体,以建筑工程计价工作过程作为主干线,围绕计价工作过程的能力要求建立情境模块,通过定额计价模式下施工图预算的编制能力和工程量清单计价的编制能力训练,深入浅出地组织内容。本书行文通俗、图文并茂,大量举例层层展开,在培养学生的职业能力和职业素养的同时,使教学实例化、直观化,进而使课程内容浅显易懂。

本书涉及多个不同的工作领域,内容包括工程项目划分、建筑工程定额的应用、基数计算、工程计价文件的编制、房屋建筑和装饰工程计量与计价等,每个工作领域划分为若干个任务,详细介绍了完成每个任务所需的知识体系。本书结合工程实际,力求做到内容精练、语言通畅,所附图表力求准确、直观,利于学生自主学习。

本书具有以下特点。

1.结构完整,层次分明

本书更强调以单个任务为单位组织教学,在理论研究的基础上,具有较强的实用性,适用于以学生为中心的学习模式,能较好地实现本书和学生之间的深层次互动。

2.学思并重

本书为每个任务设置了"思政园地",在发挥教材教育作用的同时,提高了学生的道德修养,实现了专业课知识教育和思想政治教育的融合,达成"立德树人"的目标。

3.理论与实践相结合

本书在每个任务开篇设置"任务引领"及"问题导入"栏目,以实例带动学生知识体系的构建,强化学生对理论知识的学习;并在任务的最后设置"实训工单",为学生提供自检、自查的窗口,便于学生系统地对所学内容查漏补缺。本书通过将理论与实践相结合,帮助学生将理论知识与实际应用相结合,培养学生动手操作能力和解决实际问题的能力。

4.采用活页式教材的形式

本书采用活页式教材的形式,能更好地适应教学和学习的需求,提高教学效果和学习效率。活页的形式方便拆分和携带,教师或学生可以将重要的讲义内容或笔记纸张打孔,插入书中任何位置,不受书籍装订版式的限制;也可以将任意的书页或章节单独取出进行学习,使用起来更加灵活、方便。

本书由牛志鹏(许昌职业技术学院)担任主编,王敏(焦作大学)、刘林洁(郑州工业安全职业学院)、王巍(南阳理工学院)、李婷(兰考三农职业学院)、曹欢欢(兰考三农职业学院)、徐莎莎(安徽审计职业学院)、吴亚敏(郑州工业应用职业学院)、党亚倩(郑州工业应用职业学院)担任副主编,刘志辉(河南合品建设工程有限公司)担任参编。具体分工如下:吴亚敏和党亚倩共同编写课程导入,刘志辉编写工作领域一的任务一和任务二,徐莎莎编写工作领域一的任务三和工作领域二,王敏编写工作领域三,曹欢欢编写工作领域四的任务一,李婷编写工作领域四的任务二和任务九,刘林洁编写工作领域四的任务三和任务四,牛志鹏编写工作领域四的任务五和任务六,王巍编写工作领域四的任务七、任务八和任务十。

在编写本书的过程中,笔者得到了许多专家及同行的指导,同时参考了许多有关书籍和资料,谨此表示诚挚的感谢。

由于笔者水平有限,书中疏漏之处在所难免,恳请广大读者批评指正。

编　者
2023 年 10 月

目　录

课程导入　工程项目划分

⊕ 思政园地

建筑工程计量与计价贯穿于整个项目周期,从前期的投资决策、招投标阶段到施工阶段中的预结算、竣工验收以及之后的评估阶段都有概预算的应用。党的二十大报告提出:"必须坚持守正创新。"随着我国建筑业的蓬勃发展,我国的计价方式经历了传统定额计价方式到当前清单计价方式的变迁,这一转变正是为了提高自身竞争力,以适应项目快速、准确的要求。有许多著名的工程案例,如三峡工程,其可行性研究报告对做出正确的投资决策具有重要的参考价值,借助可行性研究报告做出的科学决策创造了巨大的经济效益,减少了财产损失。

Ⅰ 背景知识

一、基本建设

基本建设是国民经济各部门固定资产的再生产,即人们使用各种施工机具对各种建筑材料、机械设备等进行建造和安装,使之成为固定资产的过程。其中包括生产性和非生产性固定资产的更新、改建、扩建和新建。与此相关的工作有征用土地、勘察、设计、筹建机构等,培训生产职工也包括在内。

二、建设项目

建设项目是指具有设计任务书,按照总体设计进行施工,经济上实行独立核算,建设和营运中具有独立法人负责的组织机构,并且是由一个或一个以上的单项工程组成的新增固定资产投资项目的统称,例如一所学校、一座工厂等。

建设项目必须遵循工程项目建设程序,并严格按照建设程序规定的先后次序从事工程建设工作。同时,建设项目还受到一定限制条件的约束,主要有:①建设工期的约束,即建设项目从决策立项到竣工投产应该在规定的工期内按时完成;②投资规模的约束,即建设项目投资额的大小,直接影响建设项目完成的水平,也反映项目建设过程中工程造价的管理程度;③质量条件的约束,即建设项目的完成,受决策水平、设计质量、施工质量等条件的影响,因此必须严格遵守建设工程各种质量标准,才能真正做到又好又快地建设,提高工程质量和投资效益。

Ⅱ 内容导入

导入一 工程项目划分

⊕ 学习目标

知识目标	了解工程项目的组成和工程项目的分类
能力目标	通过对本部分内容的学习能够对工程项目进行划分,能够完成工程造价的列项工作
思政目标	通过学习,能够充分认识到课程与专业的重要意义以及所能创造的价值,激发学习兴趣与专业自豪感,培养严谨求实、认真负责的工作态度和追求卓越的工匠精神,践行诚实守信的社会主义核心价值观

一、工程项目的组成

工程项目可分为单项工程、单位(子单位)工程、分部(子分部)工程和分项工程。

工程项目的组成

(一)单项工程

单项工程是指具有独立的设计文件,竣工后可以独立发挥生产能力、产生投资效益的一组配套齐全的工程项目。单项工程是工程项目的组成部分,一个工程项目可以仅包括一个单项工程,也可以包括多个单项工程。生产性工程项目的单项工程,一般是指能独立生产的车间,包括厂房建筑、设备安装等工程。

(二)单位(子单位)工程

单位工程是指具备独立施工条件并能形成独立使用功能的工程。对于建筑规模较大的单位工程,可将其能形成独立使用功能的部分作为一个子单位工程。根据《建筑工程施工质量验收统一标准》(GB 50300—2013),具有独立施工条件和能形成独立使用功能是单位(子单位)工程划分的基本要求。在施工之前,应由建设单位、监理单位和施工单位商议确定。

单位工程是单项工程的组成部分,也可能是整个工程项目的组成部分。按照单项工程的构成,其又可分解为建筑工程和设备安装工程。如工业厂房工程中的土建工程、设备安装工程、工业管道工程等分别是单项工程中所包含的不同性质的单位工程。

（三）分部（子分部）工程

分部工程是指将单位工程按专业性质、建筑部位等划分的工程。根据《建筑工程施工质量验收统一标准》，建筑工程包括地基与基础、主体结构、装饰装修、屋面工程、给排水及采暖、电气、智能建筑、通风与空调、电梯等分部工程。

当分部工程较大或较复杂时，可按材料种类、施工特点、施工程序、专业系统及类别等将其划分为若干个子分部工程。例如：地基与基础分部工程可细分为无支护土方、有支护土方、地基处理、桩基、地下防水、混凝土基础、砌体基础、劲钢（管）混凝土、钢结构等子分部工程；主体结构分部工程可细分为混凝土结构、劲钢（管）混凝土结构、砌体结构、钢结构、木结构、网架和索膜结构等子分部工程。

（四）分项工程

分项工程是指将分部工程按主要工种、材料、施工工艺、设备类别等划分的工程。例如土方开挖、土方回填、钢筋、模板、混凝土、砖砌体、木门窗制作与安装、玻璃幕墙等工程。分项工程是工程项目施工生产活动的基础，也是计量工程用工用料和机械台班消耗的基本单元；同时，其又是工程质量形成的直接过程。分项工程既有作业活动的独立性，又有相互联系、相互制约的整体性，是形成建筑产品的基本"细胞"。建设项目划分示例如表0-1所示。

表0-1 建设项目划分示例

建设项目	单项工程	单位工程	分部工程	分项工程
一所学校	教学楼； 办公楼； 图书馆； 宿舍	土建； 暖通； 给排水； 电气	土石方； 打桩； 砖石工程； 钢砼屋面	人工挖坑地槽； 机械挖坑； 土石方运输

二、工程项目的分类

为了适应科学管理的需要，可以从不同角度对工程项目进行分类。

（一）按建设性质划分

按建设性质划分，工程项目可分为新建项目、扩建项目、改建项目、迁建项目和恢复项目。

（1）新建项目。新建项目是指根据国民经济和社会发展的近、远期规划，按照规定的程序立项，从无到有、"平地起家"进行建设的工程项目。

（2）扩建项目。扩建项目是指现有企业为扩大产品的生产能力或增加经济效益而增建的生产车间、独立的生产线或分厂，以及事业和行政单位在原有业务系统的基础上扩大规模而新增的固定资产投资项目。

（3）改建项目。改建项目包括节能、安全、环境保护等工程项目。

（4）迁建项目。迁建项目是指原有企事业单位根据自身生产经营和事业发展的要求，按照国家调整生产力布局的经济发展战略需要或出于环境保护等其他特殊要求，搬迁到异地而建设的工程项目。

(5)恢复项目。恢复项目是指原有企事业和行政单位,因自然灾害或战争使原有固定资产遭受全部或部分报废,从而进行投资重建来恢复生产能力和业务工作条件、生活福利设施等的工程项目。

(二)按投资作用划分

按投资作用划分,工程项目可分为生产性项目和非生产性项目。

(1)生产性项目。生产性项目是指直接用于物质资料生产或直接为物质资料生产服务的工程项目,主要包括:①工业建设项目,即工业、国防和能源建设项目;②农业建设项目,即农、林、牧、渔、水利建设项目;③基础设施建设项目,即交通、邮电、通信建设项目,地质普查、勘探建设项目等;④商业建设项目,即商业、饮食、仓储、综合技术服务事业的建设项目。

(2)非生产性项目。非生产性项目是指用于满足人民物质和文化、福利需要的建设和非物质资料生产部门的建设项目,主要包括:①办公用房,即国家各级党政机关、社会团体、企业管理机关的办公用房;②居住建筑,即住宅、公寓、别墅等;③公共建筑,即科学、教育、文化艺术、广播电视、卫生、体育、社会福利事业、公共事业、咨询服务、宗教、金融、保险等建设项目;④其他工程项目,即不属于上述各类的其他非生产性项目。

(三)按项目规模划分

按项目规模划分,为适应分级管理的需要,基本建设项目分为大型、中型、小型三类,更新改造项目分为限额以上和限额以下两类。不同等级标准的工程项目,报建和审批机构及程序不尽相同。划分工程项目等级的原则如下。

(1)按批准的可行性研究报告(初步设计)所确定的总设计能力或投资总额的大小,依据国家颁布的基本建设项目大、中、小型划分标准进行划分。

(2)凡生产单一产品的项目,一般以产品的设计生产能力划分;生产多种产品的项目,一般按其主要产品的设计生产能力划分;产品分类较多、不易分清主次、难以按产品的设计能力划分时,可按投资总额划分。

(3)对国民经济和社会发展具有特殊意义的某些项目,虽然设计能力或投资总额达不到大、中型项目标准,经国家批准已列入大、中型计划或国家重点建设工程的项目,也按大、中型项目进行管理。

(四)按投资效益和市场需求划分

按投资效益和市场需求划分,工程项目可划分为竞争性项目、基础性项目和公益性项目。

(1)竞争性项目。竞争性项目是指投资回报率比较高、竞争性比较强的工程项目,例如商务办公楼、酒店、度假村、高档公寓等工程项目。其投资主体一般为企业,由企业自主决策、自担投资风险。

(2)基础性项目。基础性项目是指具有自然垄断性、建设周期长、投资额大而收益低的基础设施和需要政府重点扶持的一部分基础工业项目,以及直接增强国力的符合经济规模的支柱产业项目,例如交通、能源、水利、城市公用设施等。

（3）公益性项目。公益性项目是指为社会发展服务,难以产生直接经济回报的工程项目,包括科技、文教、卫生、体育和环保等设施,公、检、法等政权机关与政府机关,社会团体办公设施,以及国防建设等。公益性项目的投资主要由政府用财政资金安排。

（五）按投资来源划分

按投资来源划分,工程项目可划分为政府投资项目和非政府投资项目。

（1）政府投资项目。政府投资项目在国外也被称为公共工程,是指为了适应和推动国民经济或区域经济的发展,满足社会的文化、生活需要,以及出于政治、国防等因素的考虑,由政府通过财政投资、发行国债或地方财政债券、利用外国政府赠款和国家财政担保的国内外金融组织的贷款等方式独资或合资兴建的工程项目。

（2）非政府投资项目。非政府投资项目是指企业、集体单位、外商和私人投资兴建的工程项目。这类项目一般均实行项目法人责任制。

导入二　工程项目建设程序

◈ 学习目标

知识目标	建设程序的含义和内容;决策阶段的工作内容;建设实施阶段的工作内容
能力目标	通过对本部分内容的学习,能够应用所学知识,掌握工程项目决策阶段及建设实施阶段的工作内容,掌握项目的建设程序
思政目标	通过多方参与的建设程序学习,能够培养认真严谨的工作作风和精益求精、协同合作的团队精神

一、建设程序的含义和内容

建设程序是指工程项目从策划、评估、决策、设计、施工到竣工验收、投入生产或交付使用的整个建设过程中,各项工作必须遵循的先后工作次序。工程项目建设程序是工程建设过程客观规律的反映,是工程项目科学决策和顺利实施的重要保证。

按照我国现行规定,政府投资项目的建设程序可以分为以下阶段。

（1）根据国民经济和社会发展长远规划,结合行业和地区发展规划的要求,提出项目建议书。

（2）在勘察、试验、调查研究及详细技术经济论证的基础上编制可行性研究报告。

（3）根据咨询评估情况,对工程项目进行决策。

（4）根据可行性研究报告,编制设计文件。

（5）初步设计经批准后,进行施工图设计,并做好施工前各项准备工作。

（6）组织施工,并根据施工进度做好生产或动工前的准备工作。

(7)按批准的设计内容完成施工安装,经验收合格后正式投产或交付使用。

(8)生产运营一段时间(一般为1年)后,可根据需要进行项目后评价。

二、决策阶段的工作内容

(一)编报项目建议书

项目建议书是拟建项目单位向国家提出的要求建设某一项目的建议文件,是对工程项目建设的轮廓设想。项目建议书的主要作用是推荐一个拟建项目,论述其建设的必要性、建设条件的可行性和获利的可能性,供国家选择并确定是否进行下一步工作。

项目建议书的内容视项目不同而有繁有简,但一般应包括以下几方面内容。

(1)项目提出的必要性和依据。

(2)产品方案、拟建规模和建设地点的初步设想。

(3)资源情况、建设条件、协作关系和设备技术引进国别、厂商的初步分析。

(4)投资估算、资金筹措及还贷方案设想。

(5)项目进度安排。

(6)经济效益和社会效益的初步估计。

(7)环境影响的初步评价。

对于政府投资项目,项目建议书按要求编制完成后,应根据建设规模和限额划分报送有关部门审批。项目建议书经批准后,可进行可行性研究工作,但并不意味着项目非上不可,批准的项目建议书不是项目的最终决策。

(二)编报可行性研究报告

可行性研究是对工程项目在技术上是否可行和在经济上是否合理进行科学的分析和论证。

(1)可行性研究的工作内容。可行性研究应完成以下工作内容:①进行市场研究,以解决项目建设的必要性问题;②进行工艺技术方案的研究,以解决项目建设的技术可行性问题;③进行财务和经济分析,以解决项目建设的经济合理性问题。可行性研究未通过的项目,不得进行下一步工作。

(2)可行性研究报告的内容。可行性研究工作完成后,需要编写出反映其全部工作成果的可行性研究报告。就其内容来看,各类项目的可行性研究报告内容不尽相同,对一般工业项目而言,其可行性研究报告应包括以下基本内容:①项目提出的背景、项目概况及投资的必要性;②产品需求、价格预测及市场风险分析;③资源条件评价(对资源开发项目而言);④建设规模及产品方案的技术经济分析;⑤建厂条件与厂址方案;⑥技术方案、设备方案和工程方案;⑦主要原材料、燃料供应;⑧总图、运输与公共辅助工程;⑨节能、节水措施;⑩环境影响评价;⑪劳动安全、卫生与消防;⑫组织机构与人力资源配置;⑬项目实施进度;⑭投资估算及融资方案;⑮财务评价和国民经济评价;⑯社会评价和风险分析;⑰研究结论与建议。

三、建设实施阶段的工作内容

(一)工程设计

(1)工程设计的阶段及其内容。工程项目的设计工作一般划分为两个阶段,即初步设计和施工图设计。重大项目和技术复杂项目,可根据需要增加技术设计阶段。

1)初步设计。初步设计是根据批准的可行性研究报告和设计基础资料,对工程进行系统研究、概略计算,做出总体安排,编制技术上可行、经济上合理的具体实施方案。

初步设计的主要内容包括设计依据、设计指导思想、建设规模、产品方案、工艺流程、设备选型、主要建筑物、构筑物、占地面积、征地数量、生产组织、劳动定员、建设工期、总概算等文字说明和图纸。

设计概算是控制建设项目总投资的主要依据。初步设计阶段,应当根据实际情况编制总概算(包括综合概算和单位工程概算);有扩大初步设计阶段的,还应当编制修正总概算。

2)技术设计。为了进一步解决初步设计中的重大技术问题,如工艺流程、建筑结构、设备选型等,根据初步设计和进一步的调查研究资料进行技术设计。

3)施工图设计。在初步设计或技术设计的基础上进行施工图设计,使设计达到建设项目施工和安装的要求。

施工图设计应结合建设项目的实际情况,完整、准确地表达出建筑物的外形、内部空间的分割、结构体系以及建筑系统的组成和周围环境的协调。按照有关规定,建设单位应将施工图设计文件报县级以上人民政府建设行政主管部门或其他有关部门审查,未经审查、批准的施工图设计文件不得使用。

施工图设计完成以后,应根据施工图、施工组织设计和有关规定编制施工图预算书。施工图预算书是建设单位筹集建设资金、控制投资合理使用、拨付和结算工程价款的重要依据,是施工单位进行施工准备、拟定降低和控制施工成本措施的重要依据。

(二)建设准备

项目在开工建设之前,应当切实做好各项准备工作,其主要内容包括:组建项目法人、征地和拆迁、完成"七通一平"(通给水、通排水、通电力、通电信、通燃气、通热力、通道路、场地平整)、修建临时生产和生活设施等工作;组织落实建筑材料、设备和施工机械;准备施工图纸;建设工程报建;委托工程监理;组织施工招投标;办理施工许可证;等等。

(三)工程招投标、签订施工合同

招投标是市场经济中的一种竞争形式,对于缩短建设工期、确保工程质量、降低工程造价、提高投资经济效益等均具有重要的作用。建设单位根据已批准的设计文件,对拟建项目实行公开招标或邀请招标,从中择优选定具有一定的技术、经济实力和管理经验,报价合理,能胜任承包任务且信誉良好的施工单位承揽工程建设任务。施工单位中标后,应与建设单位签订施工合同。

(四)组织工程施工安装

组织工程施工安装是建设项目付诸实施的重要一步。施工阶段一般包括土建、装饰、给排水、采暖通风、电气照明、工业管道及设备安装等工程项目。施工过程中,为保证工程质量,施工单位必须严格按照合理的施工顺序、施工图纸、施工验收规范等组织施工,加强工程项目成本核算,努力降低工程造价,按期完成工程建设任务。施工中因工程需要变更时,应取得设计单位和建设单位的同意。地下工程和隐蔽工程、基础与结构的关键部位,必须经过检验合格,才能进行下一阶段。对不符合质量要求的工程,要及时采取措施,不留隐患。不合格的工程不得交工。

（五）竣工验收

建设项目按批准的设计文件所规定的内容建设完成之后,便可以组织竣工验收,这是工程建设过程的最后一环,是检验设计和工程质量的重要步骤,是对工程建设成果的全面考核,也是工程项目由建设转入生产或使用的标志。凡列入固定资产投资计划的建设项目,不论新建、扩建、改建还是迁建,具备投产条件和使用条件的,都要及时组织验收。验收合格后,施工单位应向建设单位办理竣工移交和竣工结算手续,交付建设单位使用。按现行规定,建设项目的验收可视建设规模和复杂程度分为初步验收和竣工验收两个阶段进行。

四、建设工程造价的计价特征

建筑产品的特殊性使得建设工程造价除具有一般商品价格的共同特点之外,还具有其自身的特点。

（一）单件性计价

由于每一项建设工程之间存在着用途、结构、造型、装饰、体积和面积等方面的个别性和差异性,因此,任何建设工程产品的单位价值都不会完全相同,不能规定统一的造价,只能就各个建设项目、单项工程或单位工程,通过特殊的计价程序（编制估算、概算、预算、合同价、结算价及最后确定竣工决算价）进行单件计价。

（二）多次性计价

建设工程产品的生产过程环节多、阶段复杂、周期长,而且是分阶段进行的。为了适应各个工程建设阶段的造价控制与管理,建设工程应按照国家规定的计价程序,按照工程建设程序中各阶段的进展,相应地做出多次性计价。工程多次性计价如图 0-1 所示。

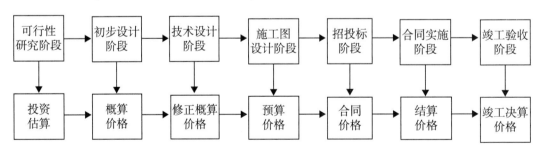

图 0-1　工程多次性计价

（三）方法的多样性

建筑工程在施工生产过程中,选用的材料、半成品和成品的质量不同,施工技术条件不同,建筑安装工人的技术熟练程度不同,企业生产管理水平不同等诸多因素的影响,势必造成生产质量上的差异,从而导致同类别、同功能、同标准、同工期和同一建设地区的建筑工程,在同一时间和同一市场内价格上的不同,因此,在工程造价计价时要选择多样性的计价方法。

(四)组合性计价

建设工程造价包括从立项到竣工所支出的全部费用,组成内容十分复杂,只有把建设工程分解成能够计算造价的基本组成要素,再逐步汇总,才能准确计算整个建设项目的工程造价。建设项目的组合性决定了计价过程是一个逐步组合的过程。这一特征在计算概算造价和预算造价时尤为明显,也反映到合同价和结算价。其计算过程为:分部分项单价→单位工程造价→单项工程造价→建设项目总造价。

(五)计价依据复杂性

影响工程造价的因素多,计价依据复杂且种类繁多,如计算设备和工程量依据,计算人工、材料、机械等实物消耗量依据,计算工程单价的价格依据,计算相关费用的依据,以及政府规定的税、费、物价指数和工程造价指数等。依据的复杂性,不仅导致计算过程复杂,而且要求计价人员熟悉各类依据,并能正确使用。

工作领域一　建筑工程定额的应用

计量与计价的准确性与完整性,关系到工程项目实施过程中施工材料备制、施工成本核算和施工质量把控,关系到工程造价的合理确定和有效控制,是建设工程中的重中之重。党的二十大报告提出"坚持学思用贯通、知信行统一"。工程造价涉及的知识多,范围广,作为工程造价人员,要不断地拓宽自己的知识面,加强对工程技术、经济和管理知识的学习,提高专业水平,肩负起新时代的历史使命,投身于社会主义现代化的建设中。

Ⅰ 背景知识

定额:定,指规定;额,指额度或限度。从广义理解,定额就是规定的额度或限度,即标准或尺度。

工程建设定额:在正常的生产建设条件下,完成合格单位工程建设产品所需资源消耗量的数量标准。

目的:使用最少的人、财、物建造出符合质量标准的合格建筑产品,以取得好的经济效益。

一、按定额反映的生产要素消耗内容分类

工程定额可分为劳动消耗定额、材料消耗定额和机械消耗定额三种。

(一)劳动消耗定额

劳动消耗定额,简称劳动定额,也称人工定额。其指在正常的施工技术和组织条件下,完成规定计量单位合格的建筑安装产品所消耗的人工工日的数量标准。劳动定额的主要表现形式是时间定额,但同时也表现为产量定额。时间定额与产量定额互为倒数关系。

(二)材料消耗定额

材料消耗定额,简称材料定额,指在正常的施工技术和组织条件下,完成规定计量单位合格的建筑安装产品所消耗的原材料、成品、半成品、构配件、燃料,以及水、电等资源的数量标准。

（三）机械消耗定额

机械消耗定额是以一台机械一个工作班(8 h)为计量单位的,故又称为机械台班定额。机械消耗定额是指在正常的施工技术和组织条件下,完成规定计量单位合格的建筑安装产品所消耗的施工机械台班的数量标准。机械消耗定额的主要表现形式是机械时间定额,同时也以产量定额表现。

二、按定额的编制程序和用途分类

（一）施工定额

施工定额是完成一定计量单位的某一施工过程或基本工序所需消耗的人工、材料和机械台班数量标准。施工定额是施工企业(建筑安装企业)组织生产和加强管理在企业内部使用的一种定额,属于企业定额的性质。施工定额是以某一施工过程或基本工序作为研究对象,表示生产产品数量与生产要素消耗综合关系编制的定额。为了适应组织生产和管理的需要,施工定额的项目划分很细,是工程定额中分项最细、定额子目最多的一种定额,也是工程定额中的基础性定额。

（二）预算定额

预算定额指在正常的施工条件下,完成一定计量单位合格分项工程和结构构件所需消耗的人工、材料、施工机械台班数量及其费用标准。预算定额是一种计价性定额。从编制程序上看,预算定额是以施工定额为基础综合扩大编制的,同时它也是编制概算定额的基础。

（三）概算定额

1.概算定额的概念

概算定额是初步设计阶段编制工程概算时,计算和确定工程概算造价,计算人工、材料及机械台班需要量所使用的定额。其项目划分的粗细应与初步设计深度相适应。概算定额是控制工程项目投资的重要依据,在工程建设的投资管理中有重要作用。

概算定额是确定完成一定计量单位扩大结构构件或扩大分项工程所需的人工、材料和施工机械台班消耗量的标准。

2.概算定额的内容和形式

概算定额的表现形式由于专业特点和地区特点有所不同,其内容基本由文字说明和定额项目表格和附录组成。

概算定额的文字说明中有总说明、分章说明,有的还有分册说明。在总说明中,要说明编制的目的和依据、所包括的内容和用途、使用范围和应遵守的规定、建筑面积的计算规则;在分章说明中,要说明规定分部分项工程的工程量计算规则等。

3.概算定额的作用

(1)概算定额是编制投资规划和可行性研究,确定建设项目贷款、拨款的依据。

(2)概算定额是初步设计阶段编制建设项目概算、技术设计阶段编制修正概算的主要依据。

(3)概算定额是对设计方案进行技术经济分析和比较的依据。

（4）概算定额是编制概算指标和投资估算指标的依据。

（5）概算定额也可在实行工程总承包时作为已完工程价款结算的依据。

（6）概算定额是编制主要材料需用量申请计划的计算依据。

（四）概算指标

1. 概算指标及其作用

建筑安装工程概算指标通常是以整个建筑物和构筑物为对象，以建筑面积、体积或成套设备装置的台或组为计量单位而规定的人工、材料、机械台班的消耗量标准和造价指标。建筑安装工程概算指标比概算定额具有更加概括与扩大的特点。概算指标主要有以下四种作用。

（1）概算指标可以作为编制投资估算的参考。

（2）概算指标中的主要材料指标可作为匡算主要材料用量的依据。

（3）概算指标是设计单位进行设计方案比较、建设单位选址的一种依据。

（4）概算指标是编制固定资产投资计划、确定投资额的主要依据。

2. 概算指标的编制原则

（1）按平均水平确定概算指标。在市场经济条件下，概算指标作为确定工程造价的依据，同样必须遵照价值规律的客观要求，在其编制时必须遵循按社会必要劳动时间，贯彻平均水平的编制原则。只有这样才能合理确定概算指标以及充分发挥控制工程造价的作用。

（2）概算指标的内容和表现形式，要简明、适用。为适应市场经济的客观要求，概算指标的项目划分应根据用途的不同，确定其项目的综合范围，遵循粗而不漏、适用面广的原则，体现综合扩大的性质。概算指标从形式到内容应简明、易懂，要便于在采用时根据拟建工程的具体情况进行必要的调整换算，能在较大范围内满足不同用途的需要。

（3）概算指标的编制依据，必须具有代表性。编制概算指标所依据的工程设计资料，应是有代表性的，技术上是先进的，经济上是合理的。

（五）投资估算指标

1. 投资估算指标的作用和编制原则

工程建设投资估算指标是以能独立发挥投资效益的建设项目（或单位工程、单项工程）为对象的扩大的技术经济指标。它是编制建设项目建议书、可行性研究报告等前期工作阶段投资估算的依据，也可以作为编制固定资产长远规划投资额的参考。投资估算指标为完成项目建设的投资估算提供依据和手段，它在固定资产的形成过程中起着投资预测、投资控制、投资效益分析的作用，是合理确定项目投资的基础。投资估算指标中主要材料消耗量也是一种扩大材料消耗量指标，可以作为计算建设项目主要材料消耗量的基础投资。估算指标的正确制定对于提高投资估算的准确度、建设项目的合理评估和正确决策具有重要的意义。

2. 投资估算指标的内容

投资估算指标的范围涉及建设前期、建设实施期和竣工验收交付使用期等各个阶段的费用支出，内容因行业不同而各异，一般可分为三个层次：①建设项目综合指标；②单项工程指标;③单位工程指标。

上述各种定额间关系的比较如表 1-1 所示。

表 1-1　各种定额间关系的比较

项目	施工定额	预算定额	概算定额	概算指标	投资估算指标
对象	施工过程或工序	分项工程和结构构件	扩大的分项工程或扩大的结构构件	单位工程	建设项目、单项工程、单位工程
用途	编制施工预算	编制施工图预算	编制扩大初步设计概算	编制初步设计概算	编制投资估算
项目划分	最细	细	粗	较粗	很粗
定额水平	平均先进水平	平均水平			
定额性质	生产性定额	计价性定额			

三、按专业分类

由于工程建设涉及众多的专业,不同的专业所包含的内容也不同,因此就确定人工、材料和机械台班消耗数量标准的工程定额来说,也需按不同的专业分别进行编制和执行。

(1)建筑工程定额按专业对象分为建筑及装饰工程定额、房屋修缮工程定额、市政工程定额、铁路工程定额、公路工程定额、矿山井巷工程定额等。

(2)安装工程定额按专业对象分为电气设备安装工程定额、机械设备安装工程定额、热力设备安装工程定额、通信设备安装工程定额、化学工业设备安装工程定额、工业管道安装工程定额、工艺金属结构安装工程定额等。

四、按编制单位和管理权限分类

工程定额可以分为全国统一定额、行业统一定额、地区统一定额、企业定额、补充定额等五种。

(一)全国统一定额

全国统一定额是由国家建设行政主管部门综合全国工程建设中技术和施工组织管理情况编制并在全国范围内适用的定额。

(二)行业统一定额

行业统一定额是考虑到各行业部门专业工程技术特点,以及施工生产和管理水平编制的,一般只在本行业和相同专业性质的范围内使用。

(三)地区统一定额

地区统一定额包括省、自治区、直辖市定额。地区统一定额主要是考虑地区性特点和全国统一定额水平做适当调整和补充编制的。

（四）企业定额

企业定额是施工单位根据本企业的施工技术、机械装备和管理水平编制的人工、施工机械台班和材料等的消耗标准。企业定额在企业内部使用，是企业综合素质的体现。企业定额水平一般应高于国家现行定额，才能满足生产技术发展、企业管理和市场竞争的需要。在工程量清单计价方式下，企业定额作为施工企业进行建设工程投标报价的计价依据，正发挥着越来越大的作用。

（五）补充定额

补充定额是指随着设计、施工技术的发展，现行定额不能满足需要的情况下，为了补充缺陷所编制的定额。补充定额只能在指定的范围内使用，可以作为以后修订定额的基础。

上述各种定额虽然适用于不同的情况和用途，但是它们是一个互相联系的、有机的整体，在实际工作中配合使用。

Ⅱ　工作任务

任务一　施工定额的应用

⊕ 学习目标

知识目标	施工定额的作用;施工定额的组成;施工定额的编制
能力目标	通过对本部分内容的学习能够套用施工定额确定人材机消耗量,能够制定人工、材料及施工机械的组织安排表,能够进行施工定额的编制
思政目标	学习清单、定额的计量计价规则,对比两者的区别和联系,加深学生对建筑工程计量计价规则的理解,同时培养学生严谨求实、细心细致、认真负责的工作态度。通过对工程造价案例的分析,展示成本管理的意义及所能创造的经济效益,培养学生的成本管理意识、专业自豪感、追求卓越的工匠精神

⊕ 任务引领

1.砌一砖厚内墙,定额单位为 10 m³,其中,单面清水墙占 20%,双面混水墙占 80%,瓦工小组 22 人,定额项目配备砂浆搅拌机一台,6 t 塔式起重机一台,分别确定砂浆搅拌机和塔式起重机的台班用量(单面清水墙综合每工产量定额 1.04 m³,双面混水墙综合每工产量定额 1.24 m³)。

2.用 6 t 塔式起重机吊装某种构件,由 1 名吊车司机、7 名安装起重工、2 名电焊工组成的综合小组完成。已知机械台班产量定额为 40 块,试求吊装每一块构件的机械时间定额和人工时间定额。

3.砖墙基,三种墙厚工程量占比如下:一砖厚50%、一砖半厚30%、二砖厚20%,其劳动定额综合每工产量分别为 1.25 m³、1.29 m³、1.33 m³,劳动定额规定小组总人数为 22 人。试确定每 10 m³ 机械台班的消耗指标。

⊕ 问题导入

1.施工定额的组成。

2.劳动定额表现形式。

3.机械台班定额的表现形式。

一、施工定额的作用

(一)施工定额的概念

施工定额是以同一性质的施工过程为测定对象,规定建筑安装工人或班组,在正常施工条件下完成单位合格产品所需消耗的人工、材料和机械台班的数量标准。

施工定额是施工企业直接用于建筑工程施工管理的一种定额,是施工企业进行内部经济核算和控制工程成本与原材料消耗的依据。施工定额属于企业定额性质。

施工定额由劳动定额、材料消耗定额和机械台班消耗定额组成。

根据施工过程组织上的复杂程度,可以分解为工序、工作过程和综合工作过程。工序是在组织上不可分割的,在操作过程中技术上属于同类的施工过程。工序的特征是:工作者不变,劳动对象、劳动工具和工作地点也不变。在工作中如有一项改变,那就说明已经由一项工序转入另一项工序了。如钢筋制作,它由平直钢筋、钢筋除锈、切断钢筋、弯曲钢筋等工序组成。

(二)施工定额的作用

(1)施工定额是编制施工组织设计,制订施工作业计划和人工、材料、机械台班需用量计划的依据。

(2)施工定额是编制施工预算,进行"两算"对比,即进行施工图预算和施工预算对比,加强企业成本管理的依据。

(3)施工定额是施工队向施工班组和工人签发施工任务书、限额领料单的依据。

(4)施工定额是实行计件、定额包工包料、考核工效、计算劳动报酬与奖励的依据。

(5)施工定额是班组开展劳动竞赛,进行班组核算的依据。

(6)施工定额是编制预算定额和单位估价表的基础。

(三)施工定额的水平

定额的水平,是指规定消耗在单位产品上的人力、机械台班和材料的多少。消耗量越小,说明定额水平越高;消耗量越大,说明定额水平越低。所谓平均先进水平,就是在正常的施工条件下,大多数施工班组和大多数生产者经过努力可以达到和超过的水平。

施工定额应以平均先进水平为基准,以保证定额的先进性和可行性。

二、劳动消耗量定额的编制及应用

(一)劳动定额的概念

劳动定额也称人工定额,是指在正常的生产技术和施工组织条件下,采用科学、合理的方法,完成单位合格产品所必须消耗的劳动数量标准。

劳动定额按其表现形式的不同,分为时间定额、产量定额。

时间定额是指在一定的生产技术和生产组织条件下,某工种、某种技术等级的工人或个人,完成符合质量的单位产品所必需的工作时间,即

$$单位产品时间定额(工日)= 1/每工产量$$

(或)$$= 小组成员工日数总和/小组台班产量$$

时间定额单位有工日/m、工日/m^2、工日/m^3、工日/组等。

产量定额是指在一定的生产技术和生产组织条件下,某工种、某种技术等级的班组或个人,在单位时间内(工日)应完成合格产品的数量,即

$$每日产量 = 1/单位产品时间定额$$

(或)$$= 小组成员工日数的总和/单位产品时间定额$$

产量定额单位有 m^2/工日、m^3/工日等。

时间定额与产量定额互为倒数关系。

(二)劳动定额量消耗量的确定

时间定额和产量定额是劳动定额的两种表现形式,确定出时间定额,也就可以计算出产量定额。时间定额包括必需消耗时间和损失时间,是在确定基本工作时间、辅助工作时间、不可避免中断时间、准备与结束的工作时间,以及休息时间的基础上制定的。

1.必需消耗的工作时间

必需消耗的工作时间是工人在正常施工条件下,为完成一定合格产品(工作任务)所消耗的时间,是制定定额的主要依据,包括有效工作时间、休息时间和不可避免中断时间。

(1)有效工作时间是从生产效果来看与产品生产直接有关的时间消耗。其中,包括基本工作时间、辅助工作时间、准备与结束工作时间的消耗。

1)基本工作时间是工人完成能生产一定产品的施工工艺过程所消耗的时间。这些工艺过程可以使材料改变外形,如钢筋弯钩等;可以改变材料的结构与性质,如混凝土制品的养护、干燥等;可以使预制构配件安装、组合、成型;也可以改变产品外部及表面的性质,如粉刷、油漆等。基本工作时间所包括的内容依据工作性质各不相同。基本工作时间的长短和工作量的大小成正比。

2)辅助工作时间是为保证基本工作能顺利完成所消耗的时间。在辅助工作时间里,不能使产品的形状大小、性质或位置发生变化。辅助工作时间的结束,往往就是基本工作时间的开始。辅助工作一般是手工操作,但如果在机手并动的情况下,辅助工作是在机械运转过程中进行的,为避免重复则不应再计辅助工作时间的消耗。辅助工作时间长短与工作量的大小有关。

3)准备与结束工作时间是执行任务前或任务完成后所消耗的工作时间,如工作地点、劳动工具和劳动对象的准备工作时间,工作结束后的整理工作时间等。准备和结束工作时间的长短与所担负的工作量大小无关,但往往和工作内容有关。这项时间消耗可以分为班内的准备与结束工作时间和任务的准备与结束工作时间。其中,任务的准备和结束时间是在一批任务的开始与结束时产生的,如熟悉图纸、准备相应的工具、事后清理场地等。

(2)休息时间是工人在工作过程中为恢复体力所必需的短暂休息和生理需要的时间消耗。这种时间是为了保证工人精力充沛地进行工作,因此在定额时间中必须进行计算。休息时间的长短和劳动条件、劳动强度有关,劳动越繁重紧张、劳动条件越差(如高温),则休息时间越长。

(3)不可避免的中断所消耗的时间是由于施工工艺特点引起的工作中断所必需的时间。与施工过程工艺特点有关的工作中断时间,应包括在定额时间内,但应尽量缩短此项时间消耗。

2.损失时间

损失时间是与产品生产无关,而与施工组织和技术上的缺点有关,与工人在施工过程中的个人过失或某些偶然因素有关的时间消耗,损失时间中包括有多余和偶然工作、停工、违背劳动纪律所引起的工时损失。

(1)多余工作,就是工人进行了任务以外而又不能增加产品数量的工作。如重砌质量不合格的墙体的工时损失,一般都是由于工程技术人员和工人的差错而引起的,因此,不应计入定额时间中。偶然工作也是工人在任务外进行的工作,但能够获得一定产品。如抹灰工不得不补上偶然遗留的墙洞等。由于偶然工作能获得一定产品,拟定定额时要适当考虑它的影响。

(2)停工时间,是工作班内停止工作造成的工时损失。停工时间按其性质可分为施工本身造成的停工时间和非施工本身造成的停工时间两种。施工本身造成的停工时间,是由于施工组织不善、材料供应不及时、工作面准备工作做得不好、工作地点组织不良等情况引起的停工时间。非施工本身造成的停工时间,是由水源、电源中断引起的停工时间。前一种情况在拟定定额时不应该计算,后一种情况定额中则应给予合理的考虑。

(3)违背劳动纪律造成的工作时间损失,是指工人在工作班开始和午休后的迟到、午饭前和工作班结束前的早退、擅自离开工作岗位、工作时间内聊天或办私事等造成的工时损失。

【例1.1】 某工程有一 120 m³ 工程量的砖基础,每天有22名工人投入施工,时间定额为 0.89 工日/m³。试计算完成该项工程的定额施工天数。

解   完成砖基础所需要的总日数 = 0.89×120 = 106.80 工日

需要的施工天数 = 106.80÷22 ≈ 5 天

即完成该项砖基础工程定额施工天数为5天。

【例1.2】 某抹灰班有13名工人,抹某住宅楼白灰砂浆墙面,施工25天完成抹灰任务。产量定额为 10.20 m²/工日。试计算抹灰班应完成的抹灰面积。

解   抹灰班完成的工日数量 = 13×25 = 325 工日

抹灰班应完成的抹灰面积 = 10.20×325 = 3 315 m²

即该抹灰班25天应完成 3 315 m² 的抹灰面积。

三、材料消耗量定额的编制及应用

(一)材料消耗量定额的概念

材料消耗量定额简称材料定额,是指在正常的生产技术和施工组织的条件与保证工程质量、合理和节约使用材料的原则下,完成单位合格产品所必须消耗的一定品种、规格的原材料、燃料、半成品、配件和水、电、动力等资源(统称为材料)的数量标准。它是企业核算材料消耗、考核材料节约或浪费的指标。例如,某地区材料定额规定每 10 m² 墙面水刷石需要的材料消耗为水泥 174 kg、沙 220 kg、石渣 156 kg。

(二)材料消耗量定额的表现形式

材料消耗量定额由净用量定额和损耗量定额两部分组成。

(1)净用量定额。净用量定额即有效消耗净用量定额,是指生产某合格产品或完成某一施工过程的实际有效消耗量。

(2)损耗量定额。损耗量定额是指材料从现场仓库领出到完成合格产品或完成某一施工过程中,在最低施工损耗的情况下,所用材料的所有非有效消耗量之和。按损耗情况可划分为以下三种类型。

1)运输损耗。运输损耗专指材料在场外运输过程中所发生的自然损耗,这种损耗发生在从厂家运输到工地仓库的流通过程中。运输损耗费列入材料预算价格内。

2)保管损耗。保管损耗专指材料在流通保管过程中发生的自然损耗,这种损耗费列入材料采购保管费。

3)施工损耗。施工损耗指在施工过程中施工操作不可避免残余料损耗和不可避免的废料损耗,以及现场材料搬运堆存保管损耗,这种损耗应包括在材料消耗定额内。

$$材料消耗定额 = 材料净用量定额 + 材料损耗量定额$$

某种产品使用某种材料的损耗量的多少,常用损耗率来表示,即

$$损耗率 = \frac{损耗量}{净用量} \times 100\%$$

从损耗定额看,损耗率也可分为运输损耗率、保管损耗率、施工损耗率。其中施工损耗率是施工损耗量与材料净用量的百分比。

(三)材料消耗量的测定方法

1.现场技术测定法

现场技术测定法是在合理和节约使用材料的情况下,深入施工现场,对生产某一产品进行实际观察、测定,取得产品数量和施工过程中消耗的材料数量,并通过对产品数量、材料消耗量和材料净用量的计算,确定该单位产品的材料消耗量或损耗率,为编制材料消耗定额提供技术根据。

2.实验室试验法

实验室试验法是在实验室内或者其他非施工现场创造一种接近施工实际的情况下进行观察和测定的工作。这种方法主要用于研究材料强度与各种材料消耗的数量关系,以获得多种配合比,在此基础上计算出各种材料的消耗数量。例如,混凝土原材料用量的确定,涂料配合

比用料的确定,等等。

3.理论计算法

理论计算法是在研究建筑结构的基础上,运用一定的理论计算公式制定材料消耗定额的一种方法。

例如,砌砖工程中砖和砂浆净用量一般采用以下公式计算。

(1)计算每立方米一砖墙标准砖的净用量:

$$砖数净用量=\frac{1}{墙厚×(砖长+灰缝)×(砖厚+灰缝)}×墙厚砖数×2$$

(2)计算每立方米块体墙块体的净用量:

$$块体墙块体净用量=\frac{标准块中砌块计量单位数量}{单块标准块(含灰缝)的体积}$$

(3)计算砂浆的净用量:

$$砂浆净用量(m^3)=1 \ m^3 \ 砌体-1 \ m^3 \ 砌体中砖数×每块砖体积$$

4.现场统计分析法

现场统计分析法是指在现场施工中,对现场积累的分部分项工程拨出的材料数量、完成建筑产品的数量、完成工作后剩余材料的数量等资料,进行统计、整理和分析而编制成材料消耗定额的方法。

四、机械台班消耗量定额的编制及应用

(一)机械台班消耗量定额的概念

在正常施工条件及合理的劳动组织和合理使用机械的条件下,生产单位合格产品所必须消耗的一定品种、规格、施工机械的作业时间标准。

$$机械时间定额=1/每机械台班产量$$

$$机械产量定额=1/机械时间定额$$

机械必须由工人小组配合,列出人工时间定额:

$$单位产品人工时间定额=小组成员工日数总和/台班产量$$

时间定额与产量定额互为倒数关系。

(二)机械台班消耗量定额消耗量的确定

(1)确定正常的施工条件拟定机械工作正常条件,主要是拟定工作地点的合理组织和合理的工人编制。

(2)确定机械1 h纯工作的正常生产率。

(3)确定施工机械的正常利用系数。

(4)计算施工机械台班定额。

在确定了机械工作正常条件、机械1 h纯工作正常生产率和机械正常利用系数之后,采用下列公式可以计算施工机械产量定额:

$$施工机械台班产量定额=机械1 h纯工作正常生产率×工作班纯工作时间$$

(三)机械台班消耗量定额时间的确定

机械台班消耗量时间定额包括必需消耗时间和损失时间。

1.必需消耗时间

在必需消耗的工作时间里,包括有效工作、不可避免的无负荷工作和不可避免的中断等三项时间消耗。而在有效工作的时间消耗中又包括正常负荷下、有根据地降低负荷下的工时消耗。

(1)正常负荷下的工作时间,指机器在与机器说明书规定的额定负荷相符的情况下进行工作的时间。

(2)有根据地降低负荷下的工作时间,指在个别情况下由于技术上的原因,机器在低于其计算负荷下工作的时间。例如,汽车运输重量轻而体积大的货物时,不能充分利用汽车的载重吨位因而不得不降低其计算负荷。

(3)不可避免的无负荷工作时间,指由施工过程的特点和机械结构的特点造成的机械无负荷工作时间。例如,筑路机在工作区末端调头等,就属于此项工作时间的消耗。

(4)不可避免的中断工作时间指与工艺过程的特点、机器的使用与保养、工人休息有关的中断时间。

1)与工艺过程的特点有关的不可避免中断工作时间,有循环的和定期的两种。循环的不可避免中断,指在机器工作的每一个循环中重复一次,如汽车装货和卸货时的停车。定期的不可避免中断,指经过一定时期重复一次,如把灰浆泵由一个工作地点转移到另一工作地点时的工作中断。

2)与机器有关的不可避免中断工作时间,是由于工人进行准备与结束工作或辅助工作时,机器停止工作而引起的中断工作时间。它是与机器的使用与保养有关的不可避免中断时间。

3)工人休息时间,前面已经作了说明。这里要注意的是,应尽量利用与工艺过程有关的和与机器有关的不可避免中断时间进行休息,以充分利用工作时间。

2.损失时间

损失的工作时间包括多余工作、机器停工、违背劳动纪律所消耗的工作时间和低负荷下的工作时间。

(1)机器的多余工作时间有两类:一是机器进行任务内和工艺过程内未包括的工作而延续的时间,如工人没有及时供料而使机器空运转的时间;二是机械在负荷下所做的多余工作,如混凝土搅拌机搅拌混凝土时超过规定搅拌时间,即属于多余工作时间。

(2)机器的停工时间,按其性质也可分为施工本身造成和非施工本身造成的停工。前者指施工组织得不好而引起的停工现象,如由于未及时供给机器燃料而引起的停工。后者指气候条件所引起的停工现象,如暴雨时压路机的停工。上述停工中延续的时间,均为机器的停工时间。

(3)违反劳动纪律引起的机器的时间损失,指由于工人迟到、早退或擅离岗位等原因引起的机器停工时间。

(4)低负荷下的工作时间,指由于工人或技术人员的过错所造成的施工机械在降低负荷的情况下工作的时间。例如,工人装车的砂石数量不足引起的汽车在降低负荷的情况下工作所延续的时间。此项工作时间不能作为计算时间定额的基础。

实训工单一 施工定额的应用

姓名:	学号:	日期:
班级组别:	组员:	

任务1 计算表

任务2 计算表

任务3 计算表

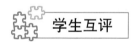 学生互评

小组之间按照统一标准,对各小组回答问题、完成任务的过程及结果进行互评。

完成任务 成绩评定表

姓名: 班级: 学号: 学习任务: 组长: 教师:

序号	考评项目	考核内容	分值	教师评分 (权重0.6)	组长评分 (权重0.2)	自我评分 (权重0.2)
1	学习态度	出勤率、听课态度、实训表现等	2			
2	学习能力	课堂回答问题、完成学生工作页情况、完成练习题情况	2			
3	操作能力	计算、实操记录、作品成果质量	3			
4	团队成绩	所在小组完成任务质量、速度情况	3			
		合计	10			
综合评价						

任务二　预算定额的应用

学习目标

知识目标	预算定额的作用;预算定额的组成;预算定额的编制;预算定额的换算
能力目标	通过对本部分内容的学习,能够计算人工、材料、机械台班单价,能够套用预算定额,能够进行定额换算
思政目标	通过预算定额的学习,教育学生爱岗敬业,严守职业操守,遵守规范,做好计划,精益求精,做社会主义事业合格建设者和接班人

任务引领

某材料有三个货源地,各地的运距、运费如表 1-2 所示,试计算该材料的平均运费。

表 1-2　三个货源地采购情况

货源地	数量/t	运距/km	运输方式	运费单价/[元·(t·km)$^{-1}$]
甲地	600	54	汽车	0.35
乙地	800	65	汽车	0.35
丙地	1 600	80	火车	0.30

问题导入

1.预算定额的概念及作用。

2.预算定额中人工、材料、机械消耗量的确定。

3.人工、材料、机械台班单价及综合单价。

一、预算定额的概念及作用

(一)预算定额的概念

预算定额是指在正常施工条件下,完成一定计量单位的分项工程或结构构件所需消耗的人工、材料和机械台班的数量标准。

预算定额在建设工程定额中占有很重要的地位,是使用最为广泛的定额。作为一名施工管理人员,特别是工程概(预)算人员,必须理解其重要性,十分熟悉预算定额并密切注视其内容的变化。表 1-3 所示为现浇混凝土带形基础工程项目表。

表 1-3　现浇混凝土带形基础工程项目表

工作内容:混凝土搅拌、场内水平运输、浇捣、养护等。　　　　　　　　　　　　　单位:10 m³

定额编号			A4-1	A4-2	A4-3
项目名称			带形基础		
			毛石混凝土	无筋混凝土	钢筋混凝土
基价/元			1 785.79	1 936.56	1 924.74
其中	人工费/元		306.00	375.60	374.40
	材料费/元		1 347.15	1 404.32	1 397.49
	机械费/元		132.64	156.64	152.85
名称		单位	单价/元	数量	
人工	综合用工二类	工日	40.00	7.650	9.390	9.360
材料	现浇混凝土(中砂碎石)C20-40	m³	–	(8.630)	(10.150)	(10.100)
	水泥 32.5	t	220.00	2.805	3.299	3.283
	中砂	t	25.16	5.773	6.790	6.757
	碎石	t	33.78	11.789	13.865	13.797
	毛石 100~500 mm	m³	56.00	2.720	–	–
	塑料薄膜	m²	0.60	9.560	10.080	10.080
	水	m³	3.03	9.410	10.990	10.930
机械	滚筒式混凝土搅拌机 500 L 以内	台班	120.35	0.330	0.390	0.380
	混凝土振捣器(插入式)	台班	11.40	0.660	0.770	0.770
	机动翻斗车 1 t	台班	129.39	0.660	0.780	0.760

(二)预算定额的水平

预算定额的水平是社会平均水平。

编制预算定额的目的在于确定建筑工程中分项工程的预算基价(价格),而任何产品的价格都是按生产该产品的社会必要劳动量来确定的,因而预算定额中的各项消耗指标都体现了社会平均水平的指标。而编制施工定额的目的在于提高施工企业的管理水平,可见其各项指标应是社会平均先进水平的指标。

预算定额和施工定额都是综合性的定额,但预算定额比施工定额综合的内容要更多,不仅包括施工定额中未包含的多种因素(现场材料的超运距、人工幅度差等),还包括为完成该分项工程或结构构件的全部工序内容。

(三) 预算定额的作用

预算定额是确定分项工程或结构构件单价的基础,因此,它体现着国家、建设单位和施工企业之间的一种经济关系。建设单位按预算定额为拟建工程提供必要的资金或物资供应,施工企业则在预算定额的范围内,通过建筑施工活动,按质、按量、按期地完成工程施工,提交合格的建筑产品。

预算定额具有以下作用。

(1)预算定额是编制施工图预算,确定和控制项目投资、建筑安装工程造价、编制工程标底和投标报价的基础。

(2)预算定额是对设计方案进行技术经济比较、与技术经济分析的依据。

(3)预算定额是编制施工组织设计的依据。

(4)预算定额是拨付工程价款和进行工程结算的依据。

(5)预算定额是施工企业进行经济活动分析的依据。

(6)预算定额是编制概算定额和估算指标的基础。

二、预算定额中人工、材料、机械消耗量的确定

(一) 人工消耗量确定

预算定额中人工工日消耗量是指在正常施工生产条件下,完成单位合格产品所必须消耗的各种用工量,包括基本用工、辅助用工、材料及半成品超运距用工和人工幅度差四项内容。

1.基本用工

基本用工是指完成该单位分项工程的主要用工量。如墙体砌筑工程中,就包括调运铺砂浆、运砖、砌砖的用工,砌附墙烟囱、砖旋、垃圾道、门窗洞口等需增加的用工。

基本工工日数量按综合取定的工程量套劳动定额计算。其计算公式为

$$基本工工日数量 = \sum(单位工程量 \times 时间定额)$$

2.辅助用工

辅助用工是指施工现场所发生的材料加工等用工,如筛砂子、淋石灰膏等用工。其计算公式为

$$辅助用工 = \sum(加工材料数量 \times 时间定额)$$

3.超运距用工

超运距用工是指预算定额中材料及半成品的运输距离超过了劳动定额基本用工中规定的距离所须增加的用工量。其计算公式为

$$超运距 = 预算定额规定的运距 - 劳动定额规定的运距$$

$$超运距用工 = \sum(超运距材料数量 \times 时间定额)$$

4.人工幅度差

人工幅度差主要是指在劳动定额作业时间以外,在预算定额中应考虑的在正常施工条件下所发生的各种工时损失。

人工幅度差内容包括以下六个方面。

(1)工序交叉、搭接停歇的时间损失。

(2)机械临时维修、小修、移动等不可避免的时间损失。

(3)工程检验影响的时间损失。

(4)施工收尾及工作面小而影响工效的时间损失。

(5)施工用水、电管线移动影响的时间损失。

(6)工程完工、工作面转移造成的时间损失。

按国家规定的人工幅度差系数,在以上各种用工量的基础上进行计算。其计算公式为

$$人工幅度差用工量 = (基本用工+辅助用工+超运距用工) \times 人工幅度差系数$$

$$人工工日 = (基本用工+辅助用工+超运距用工) \times (1+人工幅度差系数)$$

(二)材料消耗指标确定

预算定额中的材料消耗量是在保证工程质量、合理和节约使用材料的原则下,完成单位合格产品所必须消耗的一定品种、规格的原材料、燃料、半成品、配件和水、电、动力等资源的数量标准,包括材料净用量和材料不可避免损耗量。材料消耗量是指完成单位合格产品所必须消耗的各种材料数量。按其使用性质、用途和用量大小划分为四类。

(1)主要材料。主要材料是指直接构成工程实体的材料。

(2)辅助材料。辅助材料也是构成工程实体,但使用比例较小的材料,例如垫木铁钉、铅丝等。

(3)周转性材料:周转性材料又称工具性材料,是指施工中多次周转使用但不构成工程实体的材料,例如脚手架、模板等。

(4)次要材料。次要材料是指用量很小,价值不大,不便计算的零星用料,例如棉纱、现场标记所用的红油漆等。

材料用量应综合计算(测定)净用量、损耗量,按消耗量、净用量和损耗量之间关系确定其用量。主材用量应结合分项工程的构造做法,按综合取定的工程量及有关资料进行计算确定。

辅材用量的确定方法类似于主材;周转性材料是按多次使用、分次摊销的方式计入预算定额的;次要材料用估算的方法计算,以"其他材料费"列入定额,以"元"为单位表示。

$$材料消耗量 = 材料净用量+材料损耗量 = 材料净用量 \times (1+损耗率)$$

(三)机械台班消耗指标确定

预算定额中的机械台班消耗量指标,指在正常施工、合理使用机械和合理施工组织的条件下,完成单位合格产品必须消耗的某类某种型号施工机械的台班数量。一般是按《建筑工程劳动定额》(LD/T 74.1~4—2008)中的机械台班产量,并考虑一定的机械幅度差进行计算。

机械幅度差内容包括以下五个方面。

(1)施工中作业区之间的转移及配套机械相互影响而损失的时间。

(2)在正常施工情况下机械施工中不可避免的工序间歇。

(3)工程结束时工作量不饱满所损失的时间。

（4）工程质量检查和临时停水停电等引起机械停歇时间。

（5）机械临时维修、小修和水电线路移动所引起的机械停歇时间。

大型机械中土方占比 25%；打桩占比 33%；吊桩占比 30%；其他机械占比 10%。

$$定额机械台班使用量＝（消耗量定额项目计量单位值/机械台班产量）×机械$$
$$幅度差系数（大型机械1.3左右）$$

垂直运输用的塔吊，卷扬机及砂浆、混凝土搅拌机由于是按小组配用，以小组产量计算机械台班数量，不另外增加机械幅度差。

三、人工、材料、机械台班单价及综合单价

（一）人工单价的确定

人工单价是指一个直接从事建筑安装工程施工的生产工人一个工作日在预算中应计入的全部人工费用（综合日工资标准）。合理确定人工日工资单价标准，是计算人工费和工程造价的前提和基础。

现行人工工资包括基本工资、工资性津贴、生产工人辅助工资、职工福利费、生产工人劳动保护费。

（二）材料预算价格的确定

材料预算价格是指建设工程材料（包括成品、半成品及构件）从其经销单位的交货地点（或生产厂家）直接送达施工工地仓库或材料堆放点的全部费用。

材料预算价格由材料原价（含包装费）、运杂费、运输损耗费、采购及保管费、检验试验费组成，其计算公式为

材料预算价格＝（原价+运杂费）×（1+运输损耗率）×（1+采购及保管费率）+检验试验费

1.材料原价（或供应价格）

材料原价一般是指材料的出厂价格、市场的批发价格、进口材料的抵岸价格。在确定材料的原价时，如果同一种材料因产地或供应单位不同而有不同价格，此时应根据供应数量的比例采用加权平均法来计算其原价。

【例1.3】　某工地某种材料有甲、乙两个来源地，甲地供应 60%，原价 1 400 元/t，乙地供应 40%，原价 1 500 元/t。试计算该种材料的原价。

解　该种材料的原价应为

$$1\ 400×60\%+1\ 500×40\%＝1\ 440\ 元/t$$

【例1.4】　某工程需要水泥 1 000 t。甲厂供应 400 t，原价 260 元/t；乙厂供应 400 t，原价 280 元/t；丙厂供应 200 t，原价 290 元/t。试确定该工程所用水泥的原价。

解　该工程所用水泥的原价应为

$$（400×260+400×280+200×290）÷1\ 000＝274\ 元/t$$

2.材料运杂费

材料运杂费是指材料自来源地运至工地仓库或指定堆放地点所发生的全部费用，一般应

包括调车和驳船费、装卸费、运输费和附加工作费等。

运杂费可依据材料来源地、运输方式、运输里程不同,根据国家或地方规定的运价标准,按加权平均法计算。

【例1.5】 经测算,某市中心仓库到甲、乙、丙三个小区的距离及各小区材料需要量比例为:甲区5 km,材料需要量为30%;乙区15 km,材料需要量为40%;丙区12 km,材料需要量为30%。求中心仓库到各工地仓库的平均市内运输距离。

解 市内加权平均运距为

$$5×30\% +15×40\% +12×30\% = 11.1 \text{ km}$$

【例1.6】 某地区近3年的资料,平均每年由生产厂直接供应钢材60 000 t,其中鞍钢供应20 000 t,武钢供应30 000 t,首钢供应10 000 t。经过计算,钢材外埠运费分别为鞍钢39元/t,武钢25元/t,首钢27元/t。计算其外埠运费。

解 该地区钢材外埠运费为

$$(20 000×39+ 30 000×25+10 000× 27)÷ 60 000=30 \text{ 元/t}$$

3.运输损耗费

运输损耗费是指材料在运输装卸过程中不可避免的损耗,也可称材料场外运输损耗费。此费用以材料原价、运杂费之和为基数,乘以各地规定的运输损耗率计算,即

材料运输损耗费=(材料原价或供应价格+材料运杂费)×材料运输损耗率

4.采购及保管费

采购及保管费是指组织采购、供应和保管材料过程中所需要的各项费用,包括采购费、仓储费、工地保管费、仓储损耗。

材料采购及保管费一般按照材料到库价格乘以费率计算确定,即

材料采购保管费=(材料原价+运杂费)×(1+运输损耗费率)×采购及保管费率

《建设工程费用定额》规定的采购及保管费率:由承包方采购材料时,"三材"(钢材、木材、水泥)为2.5%,其他材料及半成品为3%,设备为1%。

5.检验试验费

检验试验费是指对建筑材料、构件和建筑安装物进行一般鉴定、检查所发生的费用,包括自设实验室进行试验所耗用的材料和化学药品等费用,不包括新结构、新材料的试验费和建设单位对具有出厂合格证明的材料进行检验,对构件做破坏性试验及其他特殊要求检验试验的费用。

(三)机械台班单价的确定

机械台班单价是指一台施工机械,在正常运转条件下一个工作班中所发生的全部费用。施工机械使用费按照分部分项工程定额施工机械台班消耗量乘以台班单价计算。

台班单价应由折旧费、大修理费、经常修理费、安拆费及场外运输费、人工费、燃料动力费、养路费及车船使用税七个部分组成。

按台班费用的性质,又可将以上七个部分划分为第一类费用、第二类费用和其他费用。

(1)第一类费用(又称不变费用):是一种比较固定的经常性费用,其特点是不管机械开动与否以及施工地点和条件的变化,都需要开支,因此,应将全年所需费用,分摊到每一台班中。第一类费用包括折旧费、大修理费、经常修理费、安装费及场外运输费。

(2)第二类费用(又称可变费用):只有当机械运转时才发生,与施工机械的工作时间及施工地点和条件有关,应根据台班耗用的人工、动力燃料的数量和地区单价确定。第二类费用包括机上人员的工资、机械运转所需的燃料动力费等。

(3)其他费用:指养路费及车船使用税等费用,这类费用带有政策规定的性质。

$$施工机械台班单价=台班折旧费+台班大修理费+台班经常修理费+台班安拆费及场外运费+$$
$$台班人工费+台班燃料动力费+台班其他费用$$

四、分项工程单价

单位估价,也称定额预算单价,是根据预算定额确定的人工、材料、施工机械台班的消耗数量,按照工程所在地的工资标准、材料预算价格和机械台班预算单价计算的、以货币形式表示的分项工程的定额计量单位的价格表,即分项工程的价格。

$$分项工程单位估价=人工数量×人工单价+\sum(各材料消耗数量×相应预算价格)+$$
$$\sum(各机械台班消耗数量×相应机械台班单价)$$

综合单价,包括人工费、材料费、机械费、管理、利润,以及一定范围内的风险,是工程量清单计价规范要求的分项工程单价形式。

五、建筑工程预算定额的使用

(一)建筑工程预算定额的直接套用

在选择定额项目时,当工程项目的设计要求、材料规格、做法及技术特征与定额项目的工作内容、统一规定相一致时,可直接套用定额的基价、工料消耗量,计算该分项工程的直接工程费以及工料需用量。

(二)预算定额的换算

当施工图的分项工程项目设计要求与定额的内容和使用条件不完全一致时,为了能计算出符合设计要求的直接费和工料消耗量,必须根据定额的有关规定进行换算。这种使定额的内容适应设计要求的差异调整便是定额换算。

1.换算原则

为了保持定额的水平,在定额中规定了相关换算的原则。这些原则一般包括:①如砂浆、混凝土强度等级与定额对应项目不同时,允许按砂浆、混凝土配合比表进行换算,但配合比表中规定的各种材料用量不得调整。②定额中的抹灰、楼地面等项目已考虑了常用厚度,厚度一般不做调整。如果设计有特殊要求时,定额工料消耗可以按比例换算。③是否可以换算,怎样换算,必须按定额中的规定执行。

2.换算方法

(1)混凝土的换算。混凝土的换算分两种情况,一是构件混凝土的换算,二是楼地面混凝土的换算。

构件混凝土的换算特点是由于混凝土用量不变,所以人工费、机械费不变,只换算混凝土强度等级、品种和石子粒径。其计算公式为

换算价格=定额基价+(换入混凝土单价-换出混凝土单价)×定额混凝土用量

【例1.7】 某工程框架薄壁柱,设计为C35混凝土,而计价定额为C30混凝土,试确定框架薄壁柱的单价及单位材料用量。

解 第一步,查计价定额,确定定额基价和定额用量。本例应使用的定额编号是AF0006,定额基价为1 977.73元/(10 m³),商品混凝土定额用量为10.20 m³/(10 m³)。

第二步,查"混凝土砂浆配合比表",确定换入、换出混凝土的单价。本例为(塑、特、碎5-31.5、坍35-50)型混凝土,相应的混凝土单价是:

C30混凝土:161.49元/m³;

C35混凝土:167.74元/m³。

第三步,计算换算后单价:

$$1\ 977.73+(167.74-161.49)\times10.2=2\ 041.48\ 元/(10\ m^3)$$

第四步,计算换算后材料用量:

42.5水泥	436.00×10.2=4 447.20 kg/(10 m³)
特细沙	0.419×10.2=4.274 m³/(10 m³)
碎石5-31.5	1.391×10.2=14.188 t/(10 m³)
水	0.205×10.2=2.091 m³/(10 m³)

经过换算的定额,编制预算时,应在定额的前或后加上"(换)"字样,以表示本条定额是由换算得来。从某种意义上讲,换算过的定额子目相当于一条新定额子目,如例1.7所示。

例1.7的换算结果是产生一条新的定额子目[(换)AF0006],其相应内容是:

定额编号	(换)AF0006
定额内容	用C35混凝土浇筑框架薄壁柱
定额基价	2 041.48元/(10 m³)
材料用量	(略,详见例题)

【例1.8】 ×××住宅楼,施工60 m³无筋混凝土条形基础的预算价格。混凝土为C30-40现场搅拌。

解 查定额可知,混凝土的强度等级为C20-40,与实际采用的混凝土强度等级C30-40不同,需要对混凝土进行换算,混凝土强度等级C30-40换算表如表1-4所示。

查现浇混凝土配合比可知:

1 m³ C20-40混凝土的预算价格为135.02元。

1 m³ C30-40混凝土的预算价格为140.98元。

查定额得到10 m³无筋混凝土条形基础的混凝土消耗量为10.150 m³。

定额基价调整为 1 936.56+10.150×(140.98−135.02)＝1 997.05 元。

表 1-4　混凝土强度等级 C30-40 换算表

工程编号　　　　　　　　　工程名称:×××住宅楼

定额编号	工程项目名称	单位	工程量	单价/元	合价/元	人工费/元		机械费/元	
						单价	合价	单价	合价
A4-2 换	无筋混凝土	10 m³	6	1 997.05	11 982.3	375.60	2 253.60	156.64	939.84

楼地面混凝土进行换算时,当楼地面混凝土的厚度、强度设计要求与定额规定不同时,应进行混凝土面层厚度及强度的换算。有时,还需考虑碎石粒径的规格变化。

(2)砂浆的换算。砂浆的换算也分两种情况,一是砌筑砂浆的换算,二是抹灰砂浆的换算。砌筑砂浆的换算与构件混凝土换算相类似,其换算公式为

换算价格＝原定额价格+(换入砂浆单价−换出砂浆单价)×定额砂浆用量

【例1.9】　某工程空花墙,设计要求用普通砖,M7.5 水泥砂浆。试计算该分项工程预算价格及主材消耗量。

解　本例设计采用 M7.5 水泥砂浆,而计价定额相应子目却是采用 M5 水泥砂浆,定额规定与设计内容不符,故应换算。

第一步,查定额 AE0017:

　　基价　　　　　　　　1 326.76 元/(10 m³)

　　砂浆用量　　　　　　1.18 m³/(10 m³)

第二步,查《混凝土及砂浆配合比表》:

　　M5.0 水泥砂浆单价　　102.58 元/m³

　　M7.5 水泥砂浆单价　　118.41 元/m³

第三步,计算换算后预算单价:

　　[1 326.76+(118.41−102.58)×1.18]＝1 345.44 元/(10 m³)

第四步,计算换算后材料用量:

　　标准砖　　　　　　4.02 千块

　　32.5 水泥　　　　　385×1.18＝454.30 kg

　　特细沙　　　　　　1.259×1.18＝1.486 t

抹灰砂浆的换算有两种情况:第一种情况,抹灰厚度不变,只是砂浆配合比变化,此时只调整材料费、原料用量,人工费不做调整;第二种情况,抹灰厚度与定额规定不同时,人工费、材料费、机械费和材料用量都要进行换算。

(3)系数的换算。系数换算是指用定额说明中规定的系数乘以相应定额基价(或人工费、材料费、材料用量、机械费)的一种换算。

【例 1.10】 某工程施工组织设计规定采用机械开挖土方,在机械不能施工的边角地带需用人工开挖湿土 121 m³。试计算人工开挖部分的基价直接费。

解 第一步,查计价定额:

基价　　840.84 元/(100 m³)

其中,人工费为 840.84 元/(100 m³)(基价全部为人工费,这是人工土石方工程的特点)。

第二步,计算开挖湿土 121 m³ 的基价直接费:

按土石方工程分部的说明:人工土石方项目是按干土编制的,如挖湿土时,人工乘以系数 1.18。机械不能施工的土石方部分(如死角等),按相应的人工乘以系数 1.5,则所求基价直接费应为

$$840.84 \times (121/100) \times 1.18 \times 1.5 = 1\ 800.83\ 元$$

(三)补充定额的编制

当分项工程的设计要求与定额规定完全不相符,或者设计采用新结构、新材料、新工艺,在定额中没有这类项目,属于定额缺项时,应编制补充预算定额。

编制补充定额的方法大致有两种:一种是按预算定额通常的编制方法,先计算人工、材料和机械台班消耗量,再乘以人工工资单价、材料预算价格、台班单价,得出人工费、材料费、机械费,最后汇总出预算基价;另一种是人工、机械台班消耗量套用相似的定额项目,而材料耗用量按施工图纸进行计算或实际测定。

补充定额常常是一次性的,即编制出来仅为特定的项目使用一次。如果补充预算定额是多次使用的,一般要报有关主管部门审批,或与建设单位进行协商,经同意后再列入工程预算表正式使用。

实训工单二　预算定额的应用

姓名：	学号：	日期：
班级组别：	组员：	

任务4　计算表

学生互评

小组之间按照统一标准,对各小组回答问题、完成任务的过程及结果进行互评。

完成任务　成绩评定表

姓名：　　　班级：　　　学号：　　　学习任务：　　　组长：　　　教师：

序号	考评项目	考核内容	分值	教师评分 (权重0.6)	组长评分 (权重0.2)	自我评分 (权重0.2)
1	学习态度	出勤率、听课态度、实训表现等	2			
2	学习能力	课堂回答问题、完成学生工作页情况、完成练习题情况	2			
3	操作能力	计算、实操记录、作品成果质量	3			
4	团队成绩	所在小组完成任务质量、速度情况	3			
		合计	10			
综合评价						

任务三　工料分析

⊕ 学习目标

知识目标	工料分析的作用;工料分析的编制
能力目标	通过对本部分内容的学习能够进行工料分析,能够进行价差计算
思政目标	培养学生要成为国家相关政策和法规的执行者和推动者,学生日后工作岗位与我国基本建设投资控制有紧密的关系,我们培养出来的学生以后不但要成为我国建设工程市场领域的新鲜血液,同时还要成为我国建设工程市场的一股清流,要为规范建设工程招投标市场秩序,服务于国家基本建设贡献力量

⊕ 任务引领

××× 住宅楼,施工 60 m³ 带形混凝土条形基础的预算价格。混凝土为预拌混凝土 C20。试分析所用综合工日、混凝土消耗量、水消耗量,完成实训工单。

⊕ 问题导入

1.工料分析的作用。

2.工料分析的方法。

一、工料分析的作用

(1)工料分析是建筑施工企业编制劳动力计划和材料需要量计划的依据。

(2)工料分析是项目经理部向工人班组签发工程任务书、限额领料单,考核工人节约材料情况以及工人班级进行经济核算的基础。

(3)工料分析是施工单位与建设单位材料结算和调整材料价差的主要依据。

二、工料分析的方法

工料分析一般是按单位工程(土建、水暖、电气等)分别编制。

(1)根据工程预算中分部分项工程的数量、定额编号逐一计算各分项工程所含人工和各种材料的用量。

(2)按照不同工种、材料品种和规格,分别汇总合计,形成人工、材料、机械汇总表,如某工程部分项目人工、材料、机械台班(用量、单价)汇总表如表 1-5 所示。某市地方建筑材料指导价格表如表 1-6 所示。

表 1-5   某工程部分项目人工、材料、机械台班(用量、单价)汇总表

工程名称: 第 1 页共 1 页

编码	名称及型号规格	单位	数量	预算价/元	市场价/元	市场价合计/元	价差合计/元
人工							
10000002	综合用工二类	工日	0.6305	40.00	40.00	25.22	
CSRGF	措施费中的人工费	元	1.884 9	1.00	1.00	1.88	
材料							
BA2C1016	木模板	m³	0.000 7	1 539.15	1 539.15	1.08	
BA2C1023	支撑方木	m³	0.002 6	2 174.39	2 174.39	5.65	
BB1-0101	水泥 32.5	t	0.000 1	220.00	220.00	0.02	
BC4-0013	中砂	t	0.000 2	25.16	25.16	0.01	
CSCLF	措施费中的材料费	元	3.381 4	1.00	1.00	3.38	
EF1-0009	隔离剂	kg	0.200 0	0.70	0.70	0.14	
IA2C0071	铁钉	kg	0.022 6	6.50	6.50	0.15	
IF2-0101	镀锌铁丝 8#	kg	0.160 7	5.25	5.25	0.84	
IF2-0108	镀锌铁丝 2#	kg	0.003 6	6.38	6.38	0.02	
JA1C0027	组合钢模板	kg	1.456 2	4.60	4.60	3.70	
JA1C0034	零星卡具	kg	0.687 6	5.13	5.13	3.53	
JA1C0035	梁卡具	kg	0.261 9	5.13	5.13	1.34	
JA1C0092	支撑钢管及扣件	kg	1.174 9	4.95	4.95	5.82	
ZA1-0002	水	m³	——	3.03	3.03		
ZD1-0011	尼龙帽	个	0.370 0	2.50	2.50	0.93	
ZG1-0001	其他材料费	元	0.540 0	1.00	1.00	0.54	
机械							
00006017	汽车式起重机 5 t	台班	0.004 0	460.58	460.58	1.84	

编码	名称及型号规格	单位	数量	预算价/元	市场价/元	市场价合计/元	价差合计/元
00007012	木工圆锯机 ϕ500	台班	0.001 3	22.87	22.87	0.03	
00014011	载货汽车(综合)	台班	0.006 7	414.90	414.90	2.78	
CSJXF	措施费中的机械费	元	1.143 9	1.00	1.00	1.14	

表 1-6　某市地方建筑材料指导价格表

材料名称	规格型号	单位	不含税价/元				
			魏都区建安区	禹州市	长葛市	鄢陵县	襄城县
1.复合硅酸盐水泥(P.C)							
复合硅酸盐水泥(P.C)	325(散装)	t	330	325	330	330	325
	32.5(袋装)	t	340	335	340	340	335
2.普通硅酸盐水泥(P.O)							
普通硅酸盐水泥(P.O)	42.5(散装)	t	385	385	385	400	385
	42.5(袋装)	t	395	395	395	410	395
	52.5(散装)	t	445	—	445	—	—
	52.5(袋装)	t	465	—	465	—	—
3.商品混凝土							
C15 碎石混凝土	最大粒径 20 mm	m³	380	360	380	385	375
C20 碎石混凝土	最大粒径 20 mm	m³	390	370	390	395	385
C25 碎石混凝土	最大粒径 20 mm	m³	400	380	400	405	395
C30 碎石混凝土	最大粒径 20 mm	m³	410	390	410	415	405
C35 碎石混凝土	最大粒径 20 mm	m³	430	410	430	—	425
C40 碎石混凝土	最大粒径 20 mm	m³	450	430	450	—	445
C45 碎石混凝土	最大粒径 20 mm	m³	480	460	480	—	475
C50 碎石混凝土	最大粒径 20 mm	m³	510	490	510		505

材料名称	规格型号	单位	不含税价/元				
			魏都区 建安区	禹州市	长葛市	鄢陵县	襄城县
C55 碎石混凝土	最大粒径 20 mm	m³	520	—	520	—	—
C60 碎石混凝土	最大粒径 20 mm	m³	550	—	550	—	—

注:商品混凝土含 10 km 以内运输费(大型泵送车),不含泵送费。本价格信息发布的商品砼价格为采用机制砂搅拌的商品砼,如实际采用河砂搅拌的商品砼。

经发承包双方签证认可后,可增加含税单价 60 元/m³,不含税单价 58.25 元/m³。

水泥、商品混凝土指导价格(2023 年 5 月)。

实训工单三 工料分析

姓名：	学号：	日期：
班级组别：	组员：	

1.实训资料准备

现浇混凝土定额摘录

工作内容:浇筑、振捣、养护等。　　　　　　　　　　　　　单位:10 m³

定额编号			5-1	5-2	5-3
项目			垫层	带形基础	
				毛石混凝土	混凝土
基价/元			2 831.93	3 169.01	3 354.20
其中	人工费/元		468.75	447.00	432.63
	材料费/元		2 054.30	2 427.32	2 636.07
	机械使用费/元		—	—	—
	其他措施费/元		19.24	18.36	17.78
	安文费/元		41.82	39.90	38.65
	管理费/元		123.91	118.21	114.53
	利润/元		72.06	68.75	66.61
	规费/元		51.85	49.47	47.93
名称	单位	单价/元	数量		
综合工日	工日	—	(3.70)	(3.53)	(3.42)
预拌混凝土 C15	m³	200.00	10.100	—	—
预拌混凝土 C20	m³	260.00	—	8.673	10.100
塑料薄膜	m²	0.26	47.775	12.012	12.590
水	m³	5.13	3.950	0.930	1.009
毛石综合	m³	59.25	—	2.752	—
电	kW·h	0.70	2.310	1.980	2.310

2.实训表格

工料分析表

定额编号	分部分项工程名称	单位	工程量	综合工日/工日		预拌混凝土 C20/m³		水/m³	
				定额消耗量	合计	定额消耗量	合计	定额消耗量	合计
5-3	带形混凝土基础								

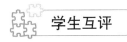 学生互评

小组之间按照统一标准,对各小组回答问题、完成任务的过程及结果进行互评。

完成任务　成绩评定表

姓名:　　　　班级:　　　　学号:　　　　学习任务:　　　　组长:　　　　教师:

序号	考评项目	考核内容	分值	教师评分（权重0.6）	组长评分（权重0.2）	自我评分（权重0.2）
1	学习态度	出勤率、听课态度、实训表现等	2			
2	学习能力	课堂回答问题、完成学生工作页情况、完成练习题情况	2			
3	操作能力	计算、实操记录、作品成果质量	3			
4	团队成绩	所在小组完成任务质量、速度情况	3			
		合计	10			
综合评价						

工作领域二　基 数 计 算

◈ **思政园地**

工程造价人员肩负着合理使用建设资金,维护市场各方主体合法权益的重要职责。工程造价人员要具有求真务实的精神,加强社会责任感,提高职业道德素养。因此,政府及行业协会应加大培训及监管力度,将道德修养列入考核发证和年检的一项指标。我们必须加强法制学习,增强法律意识。随着我国市场经济的不断健全,各项法律制度不断完善,建设市场正沿着健康有序的方向发展,必须要求工程造价人员加强法律知识的学习,熟悉相关法律知识,依法执业。

Ⅰ 背景知识

一、工程量

工程量是编制施工图预算的基础数据,同时也是施工图预算中最烦琐、最细致的工作。另外工程量计算项目是否齐全,结果准确与否,直接影响着预算编制质量的好坏和进度的快慢。

在工程量计算中有一些反复使用的基数。对于这些基数,我们应在计算各分部分项工程量以前先计算出来,以供在后面计算时直接利用,而不必每次都计算,以节约时间,提高计算的速度和准确性。合理安排工程量计算顺序是快速、准确计算工程量的关键之一。计算工程量时,有些项目是相互联系的,如果计算顺序安排不当,就会使有些数据重复计算,增大计算工程量、降低计算速度。安排工程量计算顺序的原则是尽量少翻阅图纸、资料,以求快速、方便。

二、术语

1.结构层高(structure story height)

结构层高是楼面或地面结构层上表面至上部结构层上表面之间的垂直距离。

2.围护结构(building enclosure)

围护结构是围合建筑空间的墙体、门、窗。

3.结构净高(structure net height)

结构净高是楼面或地面结构层上表面至上部结构层下表面之间的垂直距离。

4.围护设施(enclosure facilities)

围护设施是为保障安全而设置的栏杆、栏板等围挡。

5.地下室(basement)

地下室是室内地平面低于室外地平面的高度超过室内净高的1/2的房间。

6.半地下室(semi-basement)

半地下室是室内地平面低于室外地平面的高度超过室内净高的1/3,且不超过1/2的房间。

Ⅱ 工作任务

导入　工程量计算顺序

◈ 学习目标

知识目标	熟悉工程量的含义及作用,掌握运用统筹法原理计算的方法
能力目标	通过对本部分内容的学习能够进行列项工作,能够定出建筑物的工程量计算顺序
思政目标	通过学习工程量计算顺序,鼓励学生不断实践不断探索,培养学生创新精神

一、工程量的含义及作用

(一)工程量的含义

工程量是指以物理计量单位或自然计量单位所表示的分部分项工程项目和措施项目的数量。物理计量单位是指以公制度量表示的长度、面积、体积和重量等计量单位。如楼梯扶手以"m"为计量单位,墙面抹灰以"m²"为计量单位,混凝土以"m³"为计量单位,等等。自然计量单位是指建筑成品表现在自然状态下的简单点数所表示的个、条、樘、块等计量单位。例如,门窗工程可以以"樘"为计量单位,桩基工程可以以"根"为计量单位,等等。

(二)工程量的作用

(1)工程量是确定建筑安装工程造价的重要依据。只有准确计算工程量,才能正确计算工程相关费用,合理确定工程造价。

(2)工程量是承包方生产经营管理的重要依据。工程量是编制项目管理规划,安排工程施工进度,编制材料供应计划,进行工料分析,编制人工、材料、机械台班需要量,进行工程统计和经济核算的重要依据;也是编制工程形象进度统计报表,向工程建设发包方结算工程价款的重要依据。

(3)工程量是发包方管理工程建设的重要依据。工程量是编制建设计划、筹集资金、工程招标文件、工程量清单、建筑工程预算、安排工程价款的拨付和结算、进行投资控制的重要依据。

二、工程量计算的依据

工程量是根据施工图及其相关说明,按照一定的工程量计算规则逐项进行计算并汇总得到的。其主要依据如下。

(1)经审定的施工设计图纸及其说明。施工图纸全面反映建筑物(或构筑物)的结构构造、各部位的尺寸及工程做法,是工程量计算的基础资料和基本依据。

(2)工程施工合同、招标文件的商务条款。

(3)经审定的施工组织设计(项目管理实施规划)或施工技术措施方案。施工图纸主要表现拟建工程的实体项目,分项工程的具体施工方法及措施,应按施工组织设计(项目管理实施规划)或施工技术措施方案确定。如计算挖基础土方,施工方法是采用人工开挖,还是采用机械开挖,基坑周围是否需要放坡、预留工作面或做支撑防护等,应以施工方案为计算依据。

(4)工程量计算规则。工程量计算规则是规定在计算工程实物数量时,从设计文件和图纸中摘取数值的取定原则的方法。我国目前的工程量计算规则主要有两类;一是与预算定额相配套的工程量计算规则;二是与清单计价相配套的计算规则。

(5)经审定的其他有关技术经济文件。

三、房屋建筑与装饰工程工程量计算规范

《房屋建筑与装饰工程工程量计算规范》(GB 50854—2013)是工程量计算的主要依据之一,包括正文、附录和条文说明三部分。正文部分共四章,包括总则、术语、工程计量和工程量清单编制。附录包括分部分项工程项目(实体项目)和措施项目(非实体项目)的项目设置与工程量计算规则。

(一)分部分项工程项目内容

"分部分项工程"是"分部工程"和"分项工程"的总称。"分部工程"是单位工程的组成部分,是按结构部位、路段长度及施工特点或施工任务将单位工程划分为若干分部的工程。例如,房屋建筑与装饰工程分为土石方工程、桩基工程、砌筑工程、混凝土及钢筋混凝土工程、楼地面装饰工程、天棚工程等分部工程。"分项工程"是分部工程的组成部分,是按不同施工方法、材料、工序及路段长度等分部工程划分为若干个分项或项目工程。例如,现浇混凝土基础分为带形基础、独立基础、满堂基础、桩承台基础、设备基础等分项工程。

《房屋建筑与装饰工程工程量计算规范》附录中分部分项工程项目的内容包括项目编码、项目名称、项目特征、计量单位、工程量计算规则和工作内容六项内容。在清单计价中分部分项工程量清单应根据《房屋建筑与装饰工程工程量计算规范》附录规定的项目编码、项目名称、项目特征、计量单位和工程量计算规则进行编制。

(1)项目编码。项目编码是指分部分项工程和措施项目工程量清单项目名称的阿拉伯数字标识的顺序码。工程量清单项目编码,应采用十二位阿拉伯数字表示,一至九位应按附录的规定设置,十至十二位应根据拟建工程的工程量清单项目名称设置,同一招标工程的项目编码不得有重码。各位数字的含义是:一、二位为专业工程代码(01—房屋建筑与装饰工程;02—仿古建筑工程;03—通用安装工程;04—市政工程;05—园林绿化工程;06—矿山工程;07—构筑物工程;08—城市轨道交通工程;09—爆破工程。以后进入国标的专业工程代码依此类推);三、四位为附录分类顺序码(如房屋建筑与装饰工程中的"土石方工程"为0101);五、六位为分部工程顺序码(如房屋建筑与装饰工程中的"土方工程"为010101);七至九位为分项工程项目名称顺序码(如房屋建筑与装饰工程中的"挖一般土方"为010101002);十至十二位为清单项目名称顺序码(同一个分项工程由于特征不同,需要分别列项,一般其项目编码的后三位由编制人自001开始编制),当同一标段(或合同段)的一份工程量清单中含有多个单位工程且工程量清单是以单位工程为编制对象时,在编制工程量清单时应特别注意对项目编码十至十二位的设置不得有重码。

(2)项目名称。分部分项工程项目名称的设置或划分一般以形成工程实体为原则进行命名,所谓实体是指形成生产或工艺作用的主要实体部分,对附属或次要部分均一般不设置项目。对于某些不形成工程实体的项目如"挖基础土方",考虑土石方工程的重要性及对工程造价有较大影响,仍列入清单项目。分部分项工程量清单的项目名称应按《房屋建筑与装饰工程工程量计算规范》附录中的项目名称结合拟建工程的实际确定。

(3)项目特征。项目特征是表现构成分部分项工程项目、措施项目自身价值的本质特征,是对体现分部分项工程量清单、措施项目清单价值的特有属性和本质特征的描述。从本质上讲,项目特征体现的是对分部分项工程的质量要求,是确定一个清单项目综合单价不可缺少的重要依据,在编制工程量清单时,必须对项目特征进行准确和全面的描述。工程量清单项目特征描述的重要意义在于:项目特征是区分具体清单项目的依据;项目特征是确定综合单价的前提;项目特征是履行合同义务的基础,如在施工中,施工图纸中特征与标价的工程量清单中分部分项工程项目特征不一致或发生变化,即可按合同约定调整该分部分项工程的综合单价。

(4)计量单位。分部分项工程量清单的计量单位应按《房屋建筑与装饰工程工程量计算规范》附录中规定的计量单位确定。规范中的计量单位均为基本单位,与定额中所采用基本单位扩大一定的倍数不同。如质量以"t"或"kg"为单位,长度以"m"为单位,面积以"m²"为单位,体积以"m³"为单位,自然计量的以"个""件""根""组""系统"为单位。

不同的计量单位汇总后的有效位数也不相同,根据《房屋建筑与装饰工程工程量计算规范》规定,工程计量时每一项目,汇总的有效位数应遵守下列规定。

1)以"t"为单位,应保留小数点后三位数字,第四位小数四舍五入。

2)以"m""m²""m³""kg"为单位,应保留小数点后两位数字,第三位小数四舍五入。

3)以"个""件""根""组""系统"为单位,应取整数。

(5)工程量计算规则。《房屋建筑与装饰工程工程量计算规范》统一规定了分部分项工程项目的工程量计算规则。其原则是按施工图图示尺寸(数量)计算工程实体工程数量的净值。这与国际通行做法是一致的,不同于预算定额工程量计算;而预算定额的工程量计算则要考虑一定施工方法、施工工艺和施工现场的实际情况进行确定。

(6)工作内容。工作内容是指为了完成分部分项工程项目或措施项目所需要发生的具体施工作业内容。《房屋建筑与装饰工程工程量计算规范》附录给出的是一个清单项目所可能发生的工作内容,在确定综合单价时需要根据清单项目特征中的要求,或根据工程具体情况,或根据常规施工方案,从中选择其具体的施工作业内容。

工作内容不同于项目特征,在清单编制时不需要描述。项目特征体现的是清单项目质量或特性的要求或标准,工作内容体现的是完成一个合格的清单项目需要具体做的施工作业,对于一项明确的分部分项工程项目或措施项目,工作内容确定了其工程成本。

如"010401001 砖基础",其项目特征为:①砖品种、规格、强度等级;②基础类型;③砂浆强度等级;④防潮层材料种类。工作内容为:①砂浆制作、运输;②砌砖;③防潮层铺设;④材料运输。通过对比可以看出:"砂浆强度等级"是对砂浆质量标准的要求,体现的是用什么样规格的材料去做,属于项目特征;"砂浆制作、运输"是砌筑过程中的工艺和方法,体现的是如何做,属于工作内容。

(二)措施项目

措施项目是相对于工程实体的分部分项工程项目而言,对实际施工中必须发生的施工准备和施工过程中技术、生活、安全、环境保护等方面的非工程实体项目的总称,如安全文明施工、模板工程、脚手架工程等。

(三)与定额工程量计算的区别与联系

《房屋建筑与装饰工程工程量计算规范》是以现行的全国统一工程预算定额为基础,特别是项目划分、计量单位、工程量计算规则等方面,尽可能多地与定额衔接,但工程量清单中的工程量主要是针对建筑产品而言的(也包括一部分措施项目),这一点与预算定额工程量有所不同。

(1)项目设置只区分实体项目和非实体项目。实体项目即分部分项工程项目,是以工程实体来命名的,是拟完成或已完成的中间产品;非实体项目主要是措施项目。在项目的设置上也体现了一定的灵活性,如现浇混凝土工程项目的"工作内容"包括模板工程的内容,同时又在措施项目中单列了现浇混凝土模板工程项目。对此,可由招标人根据工程实际情况选用,若招标人在措施项目清单中未编列现浇混凝土模板项目清单,即表示现浇混凝土模板项目不单列,现浇混凝土工程项目的综合单价中应包括模板工程费用(措施项目费用包含在实体项目中)。

(2)专业区分更加精细,适用范围扩大,可操作性强。现行《房屋建筑与装饰工程工程量计算规范》将建筑、装饰专业合并为一个专业建筑与装饰,将仿古从园林专业中分离。

(3)综合的工作内容不同。一个清单项目与一个定额项目所包含的工作内容不尽相同,《房屋建筑与装饰工程工程量计算规范》中的计算规则是根据主体工程项目设置的,其内容涵盖了主体工程项目及主体项目以外的完成该综合实体(清单项目)的其他工程项目的全部工程内容。一般来说,清单项目综合的工作内容要多于定额项目综合的工作内容,如根据《房屋建筑与装饰工程工程量计算规范》(GB 50854—2013),"010101004 挖基础土方"的工作内容综合了排地表水、土方开挖、围护(挡土板)支拆、基底钎探、运输等内容,而在预算定额中则将上述工程内容都作为单独的定额子目处理。

(4)计算口径的调整。分部分项工程量的计算规则是按施工图纸的净量计算,不考虑施工方法和加工余量;预算定额项目计量则是考虑了不同施工方法和加工余量的实际数量,即预算定额项目计量考虑了一定的施工方法、施工工艺和现场实际情况。如土方工程中的"010101004 挖基础土方",按《房屋建筑与装饰工程工程量计算规范》(GB 50854—2013)规定,其工程量按图示尺寸以垫层底面积乘以挖土深度计算,按规范规定应是净量(当然规范中也同时说明了,在编制工程量清单时也可以将放坡及工作面增加的工程量并入土方工程量内)。预算定额项目计量则是按实际开挖量计算,包括放坡及工作面等的开挖量,即包含了为满足施工工艺要求而增加的加工余量,挖基础土方清单工程量与定额工程量计算口径比较如图 2-1 所示。

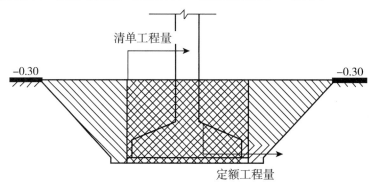

图 2-1　挖基础土方清单工程量与定额工程量计算口径比较

(5)计量单位的调整。工程量清单项目的计量单位一般采用基本的物理计量单位或自然计量单位,如 m^2、m^3、m、kg、t 等,基础定额中的计量单位一般为扩大的物理计量单位或自然计量单位,如 $100\ m^2$、$1\ 000\ m^3$、$100\ m$ 等。

四、工程量计算的方法

(一) 工程量计算的原则

(1)列项要正确,严格按照规范或有关定额规定的工程量计算规则计算工程量,避免错算。

(2)工程量计量单位必须与《房屋建筑与装饰工程工程量计算规范》或有关定额中规定的计量单位相一致。

(3)计算口径要一致。根据施工图列出的工程量清单项目的口径必须与房屋建筑与装饰工程计量规范中相应清单项目的口径相一致。

(4)按图纸、结合建筑物的具体情况进行计算。要结合施工图纸尽量做到结构按楼层,内装修按楼层分房间,外装修按施工层分立面计算或按施工方案的要求分段计算,或按使用的材料不同分别进行计算。这样,在计算工程量时既可避免漏项,又可为安排施工进度和编制资源计划提供数据。

(5)工程量计算精度要统一,要满足规范要求。

(二)工程量计算方法

1. 熟悉施工图

(1)修正图样。主要是按照图纸会审记录、设计变更通知单的内容修正全套施工图,这样可避免走"回头路"而造成的重复劳动。

(2)粗略看图。

1)了解工程的基本概况,如建筑物的层数、高度、基础形式、结构形式和大约的建筑面积等。

2)了解工程所使用的材料以及采取的施工方法,如基础是砖、石还是钢筋混凝土砌筑的,墙体是砌砖还是砌砌块,楼地面的做法,等等。

3)了解施工图中的梁表、柱表、混凝土构件统计表、门窗统计表,要对照施工图进行详细核对。一经核对,在计算相应工程量时就可直接利用。

4)了解施工图表示方法。

(3)重点看施工图。看图时,着重需弄清以下四点问题。

1)房屋室内外的高差、自然地面标高,以便在计算基础和室内挖、填工程时利用这个数据。

2)建筑物的层高、墙体、楼地面面层、门窗等相应工程内容是否因楼层或段落不同而有所变化(包括尺寸、材料、构造做法、数量等变化),以便在有关工程量的计算时区别对待。

3)工业建筑设备基础、地沟等平面布置大概情况,便于基础和楼地面工程量的计算。

4)建筑物构配件(如平台、阳台、雨篷和台阶等)的设置情况,便于计算其工程量时明确所在部位。

2. 合理安排各分项工程的计算顺序

工程计量的特点是工作量大、头绪多,工程计量要做到既不遗漏又不重复,既要快又要准,就要按照一定的顺序,有条不紊地依次进行,这样既可以节省看图时间,加快计算速度,又可以提高计算的准确率。

一项单位工程要包含数十项乃至上百项分项工程,要明确先计算什么,后计算什么,不能看到什么想到什么就计算什么,否则往往会产生遗漏或重复,而且心中无底。因此,为了准确、快速地计算清单工程量,合理安排计算顺序非常重要。具体计算工程量的顺序一般有以下三种类型。

(1)按施工顺序计算,即按照施工工艺流程的先后顺序来计算工程量。如一般土建工程从平整场地、挖土、垫层、基础、填土、墙柱、梁板、门窗、楼地面、内外墙天棚装修等顺序进行。用这种方法计算工程量,要求人员具有一定的施工经验,能掌握组织施工的全部过程,并且要求对清单及图样内容十分熟悉,否则容易漏项。

(2)按清单规范的分部分项工程项目的顺序计算,即由前到后,逐项对照,只需核对清单项目内容与图样设计内容一致即可。这种方法要求人员首先熟悉图样,要有很好的工程设计基础知识。使用这种方法时还要注意:工程图样是按使用要求设计的,其平立面造型、内外装修、结构形式以及内容设施千变万化,有些设计采用了新工艺、新材料,或有些零星项目,可能有些项目套不上清单项目,在计算工程量时,应单列出来,待后面补充。

(3)按统筹法原理设计顺序计算。工程造价人员经过实践的分析与总结发现,每个分项工程量计算虽有着各自的特点,但都离不开计算"线""面"之类的基数,人们在整个工程量计算中常常要反复多次使用。因此运用统筹法原理就是根据分项工程的工程量计算规则,找出各分项工程工程量计算的内在联系,统筹安排计算顺序,做到利用基数(常用数据)连续计算;一次算出,多次使用;结合实际,机动灵活。这种计算顺序适用于具有一定预算工作经验的人员。

1)统筹程序,合理安排。在工程量计算中,计算程序安排是否合理,直接关系到计算工程量效率的高低、进度的快慢。计算工程量若按照施工顺序和清单规范顺序逐项进行计算,对于稍复杂的工程,就显得烦琐,造成大量数据的重复计算,若能统筹安排每个分项工程的计算程序,就可减少许多数据的重复计算,加快计算速度,提高工程量计算的效率。

2)利用基数,连续计算(详见工作领域二的任务一)。

3)一次计量,多次使用。在工程量计算的过程中,往往还有一些不能用"线"和"面"基数进行连续计算的项目,如常用的定型钢筋混凝土构件、栏杆楼梯扶手、过梁板、各种水槽等分项工程,可按它们的数量单位,预先组织力量一次算出工程量编制手册。

4)统筹法计算工程量的步骤。用统筹法计算工程量大体可分为四个步骤:熟悉图纸、基数计算、计算分项工程量、整理与汇总。

(三)合理安排分项工程计量顺序并做相应的标注

为使计量数据能方便计算者和审核人员日后阅读,计量必须有规律性和一定的顺序,必要时做相应的标注,使计量不重不漏,表达式清楚,一目了然。根据不同的分项工程内容,一般有如下三种计量顺序。

1.分项工程计量顺序

(1)按顺时针方向绕一周计算。此计量顺序以平面图左上角开始向右进行,绕一周后回到左上角止。这种顺时针方向转圈、依次分段计算工程量的方法,适用于形成封闭的构件,如外墙的挖地槽、垫层、基础、墙体、圈梁、楼地面、天棚、外墙粉刷等工程计量,顺时针方向计算法示意图如图2-2所示。

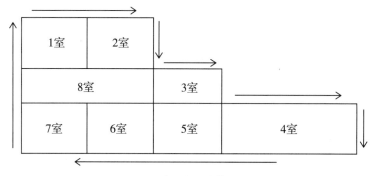

图2-2　顺时针方向计算法示意图

（2）按先横后竖、从上到下、从左到右计算。此计量顺序适用于不封闭的条形构件,如内墙的挖地槽、垫层、基础、墙体、圈梁、过梁等,如图2-3所示,按照从①到⑨的顺序计算。

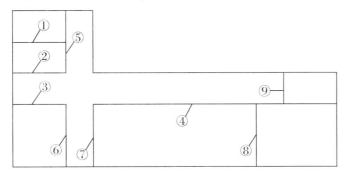

图2-3　先横后竖、从上到下、从左到右计算法

（3）按图中编号顺序计算。此法适用于点式构件,如钢筋混凝土柱、梁、屋架及门、窗等的工程量,可依次计算窗C1、C2、C3和门M1、M2的数量。

2.工程量计算式的标注

计算式标注是计量者与审核者沟通的无声、规范的语言,对人表述简单明了,思路正确,起着引导、回忆提醒的作用,因此,具体计量标注是相当有必要的,计算式标注常用方法有如下三种。

（1）坐标标注法。某墙,定位坐标A轴,长度范围坐标1~8轴,表示为A,1~8。

（2）图中编号标注。按编号或编码标注,如Z1、Z3。

（3）文字说明。不能使用前两种标注法时,采用文字标注。

（四）清单工程量计算注意事项

（1）要依据对应的工程量计算规则来进行计算,其中包括项目编码的一致、计量单位的一致及项目名称的一致等。

（2）注意熟悉设计图纸和设计说明。能做出准确的项目描述,对图中的错漏、尺寸不符、用料及做法不清等问题及时请设计单位解决。计算时应以图纸注明尺寸为依据,不能任意加大或缩小构件尺寸。

（3）注意计算中的整体性与相关性。在工程量计算时,应有这样的概念:一个建筑物是一个整体,计算时应从整体出发。例如墙身工程,开始计算时不论有无门窗洞口,先按整个墙身计算,在算到门、窗或其他相关分部时再在墙身工程中扣除这部分洞口工程量。抹灰工程和粉刷工程也可以用同样的方法来计算。如果门窗工程和粉刷工程是由不同的人来计算的话,那么最好由计算门、窗工程的人来做墙身工程量的扣除和调整。

（4）注意计算列式的规范性与完整性。计算时最好采用统一格式的工程量计算纸,书写时必须标清部位、编号,以便核对。

（5）注意计算过程中的顺序性。工程量计算时为了避免发生遗漏、重复等现象,一般可按上面所述的顺序进行计算。

（6）注意对计算结果进行检查。工程量计算完毕后,计算者自己应进行粗略的检查,如指标检查(某种结构类型的工程正常每平方米耗用的实物工程量指标)、对比检查(同以往类似工程的数字进行比较)等,也可请经验比较丰富、水平比较高的造价工程师来检查。

任务一　四线两面的应用

◈ 学习目标

知识目标	掌握四线两面的内容,四线两面计算的方法
能力目标	通过对本部分内容的学习能够熟练计算每个工程图纸中的四线两面
思政目标	在工作中讲究方式方法,从整体考虑工程量计算,培养学生的大局观

◈ 任务引领

某建筑平面图如图 2-4 所示,计算四线两面,内外基础垫层宽 1 540 mm,内外墙厚 240 mm。

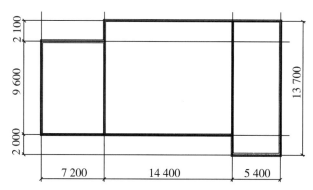

图 2-4　某建筑平面图(单位:mm)

◈ 问题导入

1.四线两面指的是哪些数据?

2.如何利用基数进行连续计算?

3.如何计算四线两面?

一、四线两面的定义

"线"是指建筑平面图上所示的外墙中心线、外墙外边线和内墙净长线。

外墙中心线(用 $L_{中}$ 表示)＝外墙中心线总长度

外墙外边线(用 $L_{外}$ 表示)＝建筑平面图外墙的外围线总长度

内墙净长线(用 $L_{内}$ 表示)＝建筑平面图中所有内墙中心线长度(扣除重叠部分)

内墙基槽或垫层净长度(用 $L_{净}$ 表示)＝建筑基础平面图中内墙基槽或垫层净长度

"面"是指建筑平面图上所标示的底层面积,用 $S_{底}$ 表示;建筑平面图中房心净面积,用 $S_{房}$ 表示,计算时要结合建筑物的造型而定,即

$$S_{底}＝建筑物底层平面勒脚以上外围水平投影面积$$

$$S_{房}＝建筑平面图中房心净面积$$

把与"线"和"面"有关的许多项目串起来,使前面的计算项目为后面的计算项目提供依据,这样彼此衔接,可以减少重复劳动,加快计算速度,提高工程量计算的质量。

二、利用基数,连续计算

所谓基数就是计算分项工程量时重复利用的数据。在统筹法计算中就是将相同基数的分项工程工程量一次算出,利用"线"和"面"为基数,算出与它有关的分项工程量。

三、四线两面的应用

外墙中心线、外墙的外围线、内墙中心线、房心净面积示意图如图2-5所示。

(1)外墙中心线总长度 $L_{中}$ 。

$$L_{中}＝（3.00×2＋3.30）×2 ＝ 18.60\ m$$

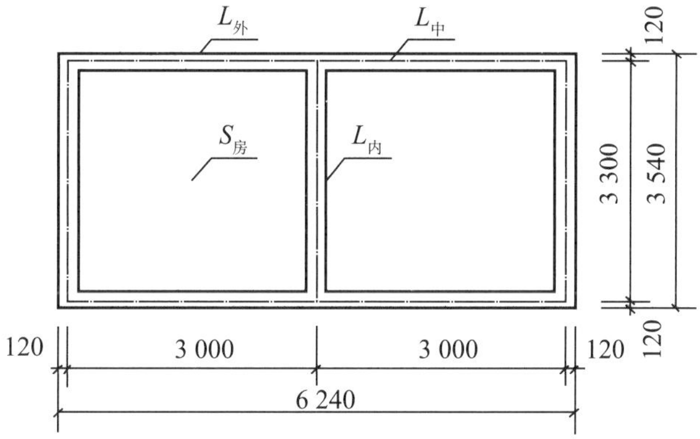

图2-5　外墙中心线、外墙的外围线、内墙中心线、房心净面积示意图(单位:mm)

(2)建筑平面图外墙的外围线总长度 $L_{外}$ 。

$$L_{外}＝（6.24＋3.54）×2 ＝19.56\ m$$

$$L_{大框}＝L_{小框}＋8×间隔宽度$$

$$L_{外}＝L_{中}＋4×墙厚$$

(3)建筑平面图中所有内墙中心线长度(扣除重叠部分) $L_{内}$,外 $L_{大框}$ 、 $L_{小框}$ 示意图如图2-6所示。

$$L_{内}＝ 3.30 － 0.24 ＝ 3.06\ m$$

（4）建筑基础平面图中内墙基槽或垫层净长度 $L_净$，如图 2-7 所示，外墙垫层宽 1 500 mm。

$$L_净 = 3.30 - 1.50 = 1.80 \text{ m}$$

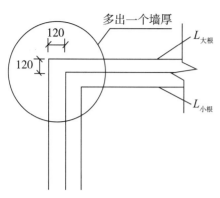

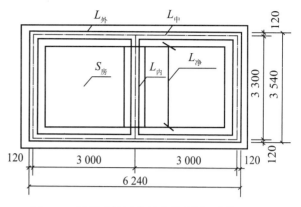

图 2-6　外 $L_{大框}$、$L_{小框}$ 示意图（单位:mm）　　　　图 2-7　基槽或垫层净长度示意图（单位:mm）

（5）建筑物底层建筑面积 $S_底$，如图 2-8 所示。

$$S_底 = 6.24 \times 3.54 = 22.09 \text{ m}^2$$

（6）建筑平面图中房心净面积 $S_房$，如图 2-9 所示。

$$S_房 = (3.00 \times 2 - 0.24 \times 2) \times (3.30) - 0.24 = 16.89 \text{ m}^2$$

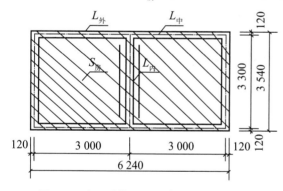

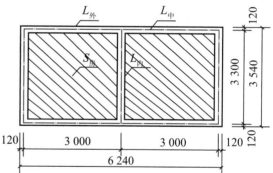

图 2-8　底层建筑面积示意图（单位:mm）　　　　图 2-9　房心净面积示意图（单位:mm）

实训工单一 四线两面的应用

姓名：	学号：	日期：
班级组别：	组员：	

任务1 计算表

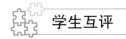 学生互评

小组之间按照统一标准,对各小组回答问题、完成任务的过程及结果进行互评。

完成任务 成绩评定表

姓名： 班级： 学号： 学习任务： 组长： 教师：

序号	考评项目	考核内容	分值	教师评分（权重0.6）	组长评分（权重0.2）	自我评分（权重0.2）
1	学习态度	出勤率、听课态度、实训表现等	2			
2	学习能力	课堂回答问题、完成学生工作页情况、完成练习题情况	2			
3	操作能力	计算、实操记录、作品成果质量	3			
4	团队成绩	所在小组完成任务质量、速度情况	3			
		合计	10			
综合评价						

任务二 建筑物的建筑面积计算

◈ 学习目标

知识目标	熟悉建筑面积计算的一般规定,掌握建筑面积计算的方法
能力目标	通过对本部分内容的学习能够对建筑物的建筑面积进行计算
思政目标	2020年,我国城镇人均住房建筑面积达到38.6 m²。住房品质逐步提升,新建住房质量更高、配套设施更全、居住环境更加优美

◈ 任务引领

某建筑物为一栋8层框架结构房屋,各层有关数据如下:深基础架空层为设备层,层高为2.1 m,外围水平面积为774.20 m²;第1层层高为6.0 m,外墙墙厚均为240 mm,外墙轴线尺寸为15 m×50 m;第2~5层各层外围水平面积均为765.66 m²;第6层和第8层的轴线尺寸为6 m×50 m;除第1层以外,其他各层层高均为2.8 m。在第5~8层设有永久性顶盖的室外楼梯,室外楼梯每层水平投影面积为15 m²。底层设有前、后雨篷,前雨篷挑出距离2.2 m,结构板水平投影面积为40.00 m²,后雨篷挑出距离为1.80 m,结构板水平投影面积为25 m²。试计算该建筑物的建筑面积。

◈ 问题导入

1.建筑面积的概念和作用。

2.建筑面积的计算依据。

3.单层建筑面积的计算。

4.多层建筑面积的计算。

5.地下室、半地下室建筑面积的计算。

6.门厅、大厅等建筑面积的计算。

7.走廊、挑廊、檐廊等建筑面积的计算。

8.楼梯间建筑面积的计算。

9.雨篷及阳台建筑面积的计算。

10.不计算建筑面积的范围。

一、建筑面积的概念

建筑面积是指建筑物的水平平面面积,即外墙勒脚以上各层水平投影面积的总和。外墙勒脚示意图如图 2-10 所示。建筑面积包括使用面积、辅助面积和结构面积。

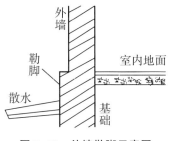

建筑面积的概念

图 2-10　外墙勒脚示意图

使用面积是指建筑物各层平面布置中,可直接为生产或生活使用的净面积总和。居室净面积在民用建筑中,亦称"居住面积",例如,住宅建筑中的居室、客厅、书房等。

辅助面积是指建筑物各层平面布置中为辅助生产或生活所用净面积的总和,例如,住宅建筑的楼梯、走道、卫生间、厨房等。使用面积与辅助面积的总和称为"有效面积"。

结构面积是指建筑物各层平面布置中的墙体、柱等结构所占面积的总和(不包括抹灰厚度所占面积)。

二、建筑面积的作用

建筑面积计算是工程计量中最基础的工作,在工程建设中具有重要意义。首先,在工程建设中的众多技术经济指标,大多数以建筑面积为基数,建筑面积是核定估算、概算、预算工程造价的一个重要基础数据,是计算和确定工程造价,并分析工程造价和工程设计合理性的一个基础指标;其次,建筑面积是国家进行建设工程数据统计、固定资产宏观调控的重要指标;最后,建筑面积还是房地产交易、工程承发包交易、建筑工程有关运营费用核定等的一个关键指标。建筑面积具体有以下五个方面的作用。

(一)确定建设规模的重要指标

根据项目立项批准文件所核准的建筑面积,是初步设计的重要控制指标。对于国家投资的项目,施工图的建筑面积不得超过初步设计的5%,否则必须重新报批。

(二)确定各项技术经济指标的基础

建筑面积与使用面积、辅助面积、结构面积之间存在着一定的比例关系。设计人员在进行建筑或结构设计时,在计算建筑面积的基础上再分别计算出结构面积、有效面积等技术经济指标。比如,有了建筑面积,才能确定每平方米建筑面积的工程造价。

$$工程单位面积造价 = \frac{工程造价}{建筑面积}(元/m^2)$$

还有很多其他的技术经济指标(如每平方米建筑面积的工料用量),也需要建筑面积这一数据,如:

$$单位建筑面积的材料消耗指标=\frac{工程材料消耗量}{建筑面积}(\text{m}^3/\text{m}^2、\text{m}^2/\text{m}^2、\text{kg}/\text{m}^2)$$

$$单位建筑面积的人工用量=\frac{工程人工工日耗用量}{建筑面积}(工日/\text{m}^2)$$

(三) 评价设计方案的依据

建筑设计和建筑规划中,经常使用建筑面积控制某些指标,如容积率、建筑密度、建筑系数等。在评价设计方案时,通常采用居住面积系数、土地利用系数、有效面积系数、单方造价等指标,它们都与建筑面积密切相关。因此,为了评价设计方案,必须准确计算建筑面积。

$$容积率=\frac{建筑总面积}{建筑面积}\times100\%$$

$$建筑密度=\frac{建筑物底层面积}{建筑占地总面积}\times100\%$$

根据有关规定,容积率计算式中建筑总面积不包括地下室、半地下室建筑面积,屋顶建筑面积不超过标准层建筑面积10%的也不纳入计算。

(四) 计算有关分项工程量的依据

在编制一般土建工程预算时,建筑面积是确定一些分项工程量的基本数据。应用统筹计算方法,根据底层建筑面积,就可以很方便地推算出室内回填土体积、地(楼)面面积和天棚面积等。另外,建筑面积也是脚手架、垂直运输机械费用的计算依据。

(五) 选择概算指标和编制概算的基础数据

概算指标通常是以建筑面积为计量单位。用概算指标编制概算时,要以建筑面积为计算基础。

三、建筑面积计算规则与方法

工业与民用建筑的建筑面积计算的一般原则是:凡在结构上、使用上形成具有一定使用功能的建筑物和构筑物,并能单独计算出其水平面积及其相应消耗的人工、材料和机械用量的,应计算建筑面积;反之,不应计算建筑面积。

建筑面积计算

(一) 计算建筑面积的范围

(1)建筑物的建筑面积应按自然层外墙结构外围水平面积之和计算。结构层高在 2.20 m 及以上的,应计算全面积;结构层高在 2.20 m 以下的,应计算 1/2 面积。

(2)单层建筑物内设有局部楼层时,如图 2-11 所示。对于局部楼层的二层及以上楼层,有围护结构的应按其围护结构外围水平面积计算,无围护结构的应按其结构底板水平面积计算,且结构层高在 2.20 m 及以上的,应计算全面积,结构层高在 2.20 m 以下的,应计算 1/2 面积。

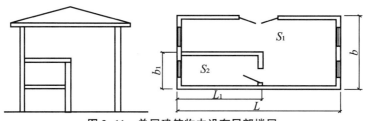

图 2-11 单层建筑物内设有局部楼层

建筑物的层高是指上、下两层楼面结构标高之间的垂直距离。最底层的层高，有基础底板的指基础底板上表面结构标高至上层楼面的结构标高之间的垂直距离；没有基础底板的指地面标高至上层楼面的结构标高之间的垂直距离。最上一层的层高，指楼面结构标高至屋面板板面结构标高之间的垂直距离，采用屋面板找坡的屋面，层高指结构标高至屋面板最低处板面结构标高之间的垂直距离。

（3）对于形成建筑空间的坡屋顶，结构净高在 2.10 m 及以上的部位应计算全面积；结构净高在 1.20 m 及以上至 2.10 m 以下的部位应计算 1/2 面积；结构净高在 1.20 m 以下的部位不应计算建筑面积。利用坡屋顶内空间建筑面积计算示意图如图 2-12 所示。

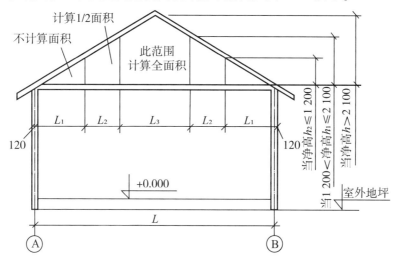

图 2-12 利用坡屋顶内空间建筑面积计算示意图（单位：mm）

（4）对于场馆看台下的建筑空间，结构净高在 2.10 m 及以上的部位应计算全面积；结构净高在 1.20 m 及以上至 2.10 m 以下的部位应计算 1/2 面积；结构净高在 1.20 m 以下的部位不应计算建筑面积。室内单独设置的有围护设施的悬挑看台，应按看台结构底板水平投影面积计算建筑面积。有顶盖无围护结构的场馆看台应按其顶盖水平投影面积的 1/2 计算面积。场馆看台示意图如图 2-13 所示，国家体育场"鸟巢"效果图如图 2-14 所示。

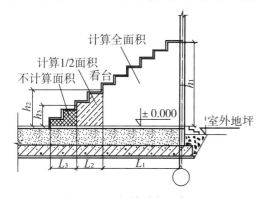

图 2-13 场馆看台示意图

图 2-14 国家体育场"鸟巢"效果图

(5)地下室:房间地平面低于室外地平面的高度超过该房间净高的 1/2 者为地下室。

半地下室:房间地平面低于室外地平面的高度超过该房间净高的 1/3,且不超过 1/2 者为半地下室。

地下室、半地下室应按其结构外围水平面积计算。结构层高在 2.20 m 及以上的,应计算全面积;结构层高在 2.20 m 以下的,应计算 1/2 面积,地下室建筑物如图 2-15 所示。

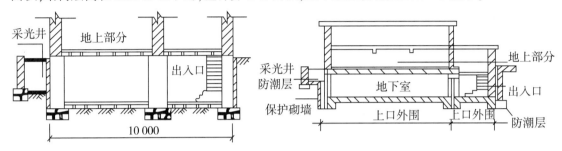

图 2-15 地下室建筑物(单位:mm)

(6)出入口外墙外侧坡道有顶盖的部位,应按其外墙结构外围水平面积的 1/2 计算面积,地下室出入口如图 2-16 所示。

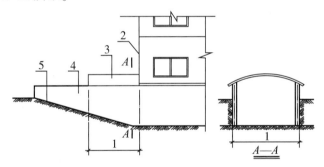

1—计算 1/2 投影面积部位;2—主体建筑;3—出入口顶盖;4—封闭出入口侧墙;5—出入口坡道

图 2-16 地下室出入口

(7)建筑物架空层及坡地建筑物吊脚架空层,应按其顶板水平投影计算建筑面积。结构层高在 2.20 m 及以上的,应计算全面积;结构层高在 2.20 m 以下的,应计算 1/2 面积。建筑物吊脚架空层计算示意图如图 2-17 所示。

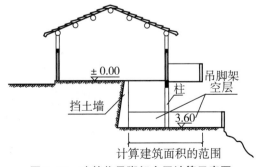

图 2-17 建筑物吊脚架空层计算示意图

（8）建筑物的门厅、大厅应按一层计算建筑面积，门厅、大厅内设置的走廊应按走廊结构底板水平投影面积计算建筑面积。结构层高在 2.20 m 及以上的，应计算全面积；结构层高在 2.20 m 以下的，应计算 1/2 面积。门厅、大厅、二层回廊示意图如图 2-18 所示。

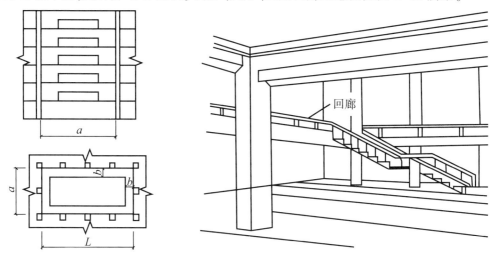

图 2-18　门厅、大厅、二层回廊示意图

（9）对于建筑物间的架空走廊，有顶盖和围护设施的，应按其围护结构外围水平面积计算全面积；无围护结构、有围护设施的，应按其结构底板水平投影面积计算 1/2 面积。无围护结构的架空走廊如图 2-19 所示，有围护结构的架空走廊如图 2-20 所示。

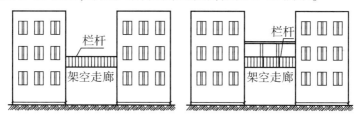

图 2-19　无围护结构的架空走廊

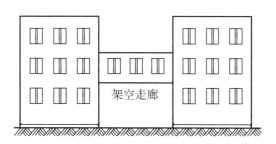

图 2-20　有围护结构的架空走廊

（10）对于立体书库、立体仓库、立体车库，有围护结构的，应按其围护结构外围水平面积计算建筑面积；无围护结构、有围护设施的，应按其结构底板水平投影面积计算建筑面积。无结

构层的应按一层计算,有结构层的应按其结构层面积分别计算。结构层高在 2.20 m 及以上的,应计算全面积;结构层高在 2.20 m 以下的,应计算 1/2 面积。

(11)有围护结构的舞台灯光控制室,应按其围护结构外围水平面积计算。结构层高在 2.20 m 及以上的,应计算全面积;结构层高在 2.20 m 以下的,应计算 1/2 面积。

(12)附属在建筑物外墙的落地橱窗,应按其围护结构外围水平面积计算。结构层高在 2.20 m 及以上的,应计算全面积;结构层高在 2.20 m 以下的,应计算 1/2 面积。

(13)窗台与室内楼地面高差在 0.45 m 以下且结构净高在 2.10 m 及以上的凸(飘)窗,应按其围护结构外围水平面积计算 1/2 面积。

(14)有围护设施的室外走廊(挑廊),应按其结构底板水平投影面积计算 1/2 面积;有围护设施(或柱)的檐廊,应按其围护设施(或柱)外围水平面积计算 1/2 面积,如图 2-21 所示。

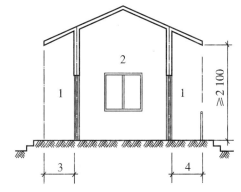

1—檐廊;2—室内;3—不计算建筑面积部位;4—计算 1/2 建筑面积部位

图 2-21 檐廊(单位:mm)

(15)门斗如图 2-22 所示,应按其围护结构外围水平面积计算建筑面积,且结构层高在 2.20 m 及以上的,应计算全面积;结构层高在 2.20 m 以下的,应计算 1/2 面积。

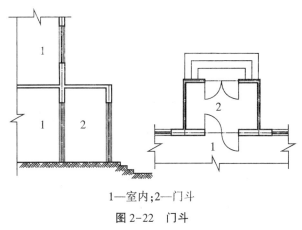

1—室内;2—门斗

图 2-22 门斗

(16)门廊应按其顶板的水平投影面积的 1/2 计算建筑面积;有柱雨篷应按其结构板水平投影面积的 1/2 计算建筑面积;无柱雨篷的结构外边线至外墙结构外边线的宽度在 2.10 m 及

以上的,应按雨篷结构板的水平投影面积的 1/2 计算建筑面积。

(17)设在建筑物顶部的、有围护结构的楼梯间、水箱间、电梯机房等,结构层高在 2.20 m 及以上的应计算全面积;结构层高在 2.20 m 以下的,应计算 1/2 面积。

(18)围护结构不垂直于水平面的楼层,应按其底板面的外墙外围水平面积计算。结构净高在 2.10 m 及以上的部位,应计算全面积;结构净高在 1.20 m 及以上至 2.10 m 以下的部位,应计算 1/2 面积;结构净高在 1.20 m 以下的部位,不应计算建筑面积。斜围护结构如图 2-23 所示。

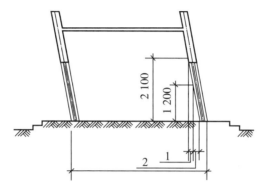

1—计算 1/2 建筑面积部位;2—不计算建筑面积部位

图 2-23　斜围护结构(单位:mm)

(19)建筑物的室内楼梯、电梯井、提物井、管道井、通风排气竖井、烟道,应并入建筑物的自然层计算建筑面积。有顶盖的采光井应按一层计算面积,且结构净高在 2.10 m 及以上的,应计算全面积;结构净高在 2.10 m 以下的,应计算 1/2 面积。楼梯间及自然层示意图如图 2-24 所示,地下室采光井如图 2-25 所示。

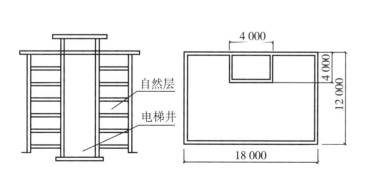

图 2-24　楼梯间及自然层示意图(单位:mm)

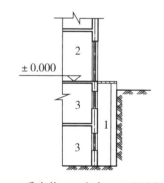

1—采光井;2—室内;3—地下室

图 2-25　地下室采光井

(20)室外楼梯应并入所依附建筑物自然层,并应按其水平投影面积的 1/2 计算建筑面积。

(21)在主体结构内的阳台,应按其结构外围水平面积计算全面积;在主体结构外的阳台,应按其结构底板水平投影面积计算 1/2 面积。凹阳台、挑阳台示意图如图 2-26 所示。

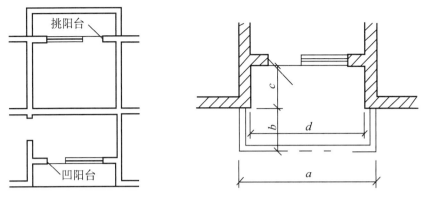

图 2-26　凹阳台、挑阳台示意图

（22）有顶盖无围护结构的车棚、货棚、站台、加油站、收费站等,应按其顶盖水平投影面积的 1/2 计算建筑面积。

（23）以幕墙作为围护结构的建筑物,应按幕墙外边线计算建筑面积。

（24）建筑物的外墙外保温层,应按其保温材料的水平截面积计算,并计入自然层建筑面积。建筑外墙外保温如图 2-27 所示。

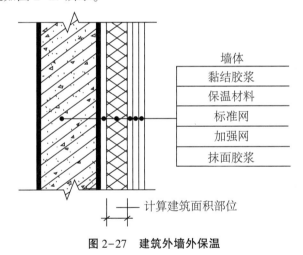

图 2-27　建筑外墙外保温

（25）与室内相通的变形缝,应按其自然层合并在建筑物建筑面积内计算。对于高低联跨的建筑物,当高、低跨内部连通时,其变形缝应计算在低跨面积内。

（26）对于建筑物内的设备层、管道层、避难层等有结构层的楼层,结构层高在 2.20 m 及以上的,应计算全面积;结构层高在 2.20 m 以下的,应计算 1/2 面积。

（二）不计算建筑面积的范围

（1）与建筑物内不相连通的建筑部件。

（2）过街楼底层、骑楼的开放公共空间和建筑物通道（过街楼底层示意图如图 2-28 所示,骑楼示意图如图 2-29 所示）。

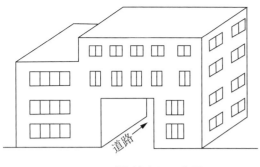

图 2-28　过街楼底层示意图

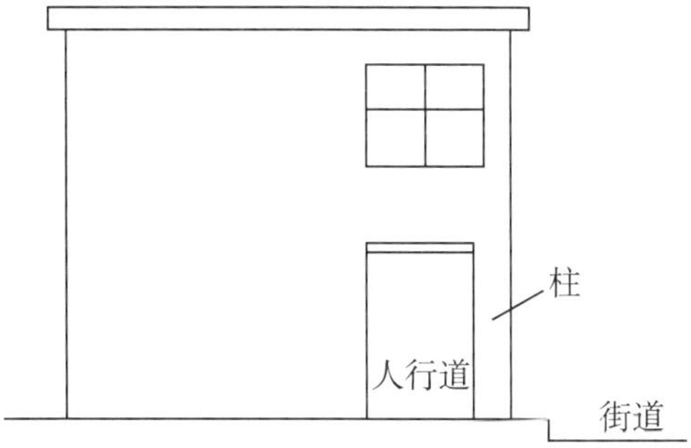

图 2-29　骑楼示意图

（3）舞台及后台悬挂幕布和布景的天桥、挑台等。

（4）露台、露天游泳池、花架、屋顶的水箱及装饰性结构构件。

（5）建筑物内的操作平台、上料平台、安装箱和罐体的平台，操作平台示意图如图 2-30 所示。

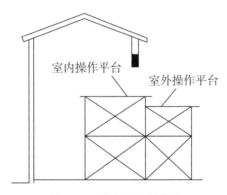

图 2-30　操作平台示意图

（6）勒脚、附墙柱、墙垛、台阶、墙面抹灰、装饰面、镶贴块料面层、装饰性幕墙，主体结构外的空调室外机搁板（箱）、构件、配件，挑出宽度在 2.10 m 以下的无柱雨篷和顶盖高度达到或超过两个楼层的无柱雨篷，附墙柱、墙垛示意图如图 2-31 所示，室外检修爬梯等示意图如图 2-32 所示。

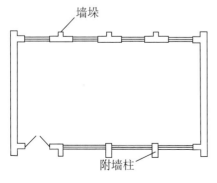

图 2-31　附墙柱、墙垛示意图

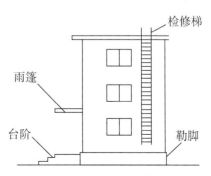

图 2-32　室外检修爬梯等示意图

（7）窗台与室内地面高差在 0.45 m 以下且结构净高在 2.10 m 以下的凸（飘）窗，窗台与室内地面高差在 0.45 m 及以上的凸（飘）窗。

（8）架空走廊、室外爬梯示意图如图 2-33 所示。

图 2-33　架空走廊、室外爬梯示意图

（9）无围护结构的观光电梯。

（10）建筑物以外的地下人防通道，独立的烟囱、烟道、地沟、油（水）罐、气柜、水塔、贮油（水）池、贮仓、栈桥等构筑物。

建筑面积计算示例

实训工单二 建筑物的建筑面积计算

姓名：	学号：	日期：
班级组别：	组员：	

填写建筑物的建筑面积计算表,如下所示。

建筑物的建筑面积计算表

项目名称	计算式	建筑面积/m²	备注
深基础架空层			
第1层			
第2~5层			
第6~8层			
室外楼梯			
雨篷			
合计			

学生互评

小组之间按照统一标准,对各小组回答问题、完成任务的过程及结果进行互评。

完成任务 成绩评定表

姓名： 班级： 学号： 学习任务： 组长： 教师：

序号	考评项目	考核内容	分值	教师评分（权重0.6）	组长评分（权重0.2）	自我评分（权重0.2）
1	学习态度	出勤率、听课态度、实训表现等	2			
2	学习能力	课堂回答问题、完成学生工作页情况、完成练习题情况	2			
3	操作能力	计算、实操记录、作品成果质量	3			
4	团队成绩	所在小组完成任务质量、速度情况	3			
	合计		10			
综合评价						

工作领域三　工程计价文件的编制

工程造价工作的内容必须具有准确性和完整性,要求工程造价人员具有精益求精的工匠精神;同时必须掌握科学、合理的工作方法,减少重复的工作量,也要具有全局视角,在对项目充分研究分析,理清思路后再具体实施。要做到保证工程量清单的列项不漏项,尽可能准确描述工程量清单项目,提高计算的准确度,保证清单工程量无异议。

Ⅰ 背景知识

一、计价文件类型

(一)投资估算

编制时间:一般是指在项目建议书或可行性研究阶段。

编制单位:建设单位。

编制目的:确定建设项目的投资总额。

编制作用:是国家或主管部门审批或确定基本建设投资计划的重要文件。

编制依据:估算指标、概算指标或类似工程预(决)算等资料。

(二)设计概算

编制时间:初步设计或扩大初步设计阶段。

编制单位:设计单位。

编制依据:初步设计图纸、概算定额或概算指标、设备预算价格、各项费用的定额或取费标准、建设地区的自然和技术经济条件等资料。

其主要作用如下:

(1)国家确定和控制建设项目总投资的依据。未经规定的程序批准,不能突破总概算这一限额。

(2)编制基本建设计划的依据。每个建设项目,只有在初步设计和概算文件被批准后,才能列入基本建设计划。

（3）进行设计概算、施工图预算和竣工决算"三算"对比的基础。

（4）实行投资包干和招标承包制的依据，也是建设银行办理工程拨款、贷款和结算以及实行财政监督的重要依据。

（5）考核设计方案的经济合理性，选择最优设计方案的重要依据。利用概算对设计方案进行经济性比较，是提高设计质量的重要手段之一。

（三）修正概算

编制时间：采用三阶段设计时，在技术设计阶段。

编制单位：设计单位。

编制目的：对初步设计的概算进行修正。

编制作用：同初步设计概算。

编制依据：技术设计图纸，其他同初步设计概算。

一般情况下，修正概算不应超过原批准的概算。

（四）施工图预算

编制时间：施工图设计阶段，设计全部完成并经过会审，单位工程开工之前。

编制单位：施工单位、建设单位。

编制目的：预先计算和确定单项工程和单位工程全部建设费用。

编制依据：施工图纸、施工组织设计、预算定额、各项费用取费标准、建设地区的自然和技术经济条件等资料。

其主要作用如下：

（1）确定建筑安装工程预算造价的具体文件。

（2）签订建筑安装工程施工合同、实行工程预算包干、进行工程竣工结算的依据。

（3）建设银行拨付工程价款的依据。

（4）施工企业加强经营管理，搞好经济核算，实行对施工图预算和施工预算"两算对比"的基础，也是施工企业编制经营计划、进行施工准备的依据。

（5）建设单位编制标底和施工单位编制报价文件的依据。

（五）施工预算

编制时间：施工阶段。

编制单位：施工单位。

编制目的：计算和确定拟建工程所需的人工、材料、机械台班消耗量及其相应费用。

编制依据：施工图预算、分项工程量、施工定额、单位工程施工组织设计等资料（通过工料分析确定）。

其主要作用如下：

（1）施工企业对单位工程实行计划管理，编制施工作业计划的依据。

（2）施工队向班组签发施工任务单、实行班组经济核算、考核单位用工、限额领料的依据。

（3）班组推行全优综合奖励制度，实行按劳分配的依据。

（4）施工企业开展经济活动分析，进行"两算"对比的依据。

（六）工程结算

编制时间：一个单项工程、单位工程、分部工程或分项工程完工，并经建设单位及有关部门验收或验收点交后。

编制单位：施工企业。

编制目的：结算工程价款，取得收入。

编制依据：合同、施工时现场实际情况记录、设计变更通知书、现场签证、预算定额、材料预算价格和各项费用取费标准等资料。

结算形式：一般有定期结算、阶段结算、竣工结算等。

其主要作用如下：

（1）施工企业取得货币收入，用以补偿资金耗费的依据。

（2）进行成本控制和分析的依据。

（七）竣工决算

编制时间：竣工验收阶段，一个建设项目完工并经验收后。

编制单位：建设单位（施工单位也会进行竣工决算，均为了总结经验）。

编制目的：计算确定从筹建到竣工验收、交付使用全过程实际支付的建设费用。

其主要作用如下：

（1）国家或主管部门验收小组验收时的依据。

（2）全面反映基本建设经济效果、核定新增固定资产和流动资产价值、办理交付使用的依据。

二、定额计价模式与清单计价模式

（一）概念

定额计价是先套定额，汇总成工程直接费（人工+材料+机械），再计取其他直接费、间接费等费用。

清单计价是先给出清单，再根据清单描述的工作内容分别套定额，计取管理费、利润和风险后即得到综合单价，和数量相乘得到分部分项清单费用，再计算措施费、其他项目费、规费、税金等，汇总造价。

（二）单价的构成

定额计价采用定额子目基价，定额子目基价只包括定额编制时期的人工费、材料费、机械费、管理费，并不包括利润和各种风险因素带来的影响。

工程清单采用综合单价，它包括人工费、材料费、机械费、管理费和利润，且各项费用均由投标人根据企业自身情况和考虑各种风险因素自行编制。

（三）计算方法和程序

定额计价是按预算定额规定的分部分项子目，逐项计算工程量，套用预算定额单价（或单位估价表)确定直接费,然后按规定的取费标准确定其他直接费、现场经费、间接费、计划利润和税金,加上材料价差调整和适当的不可预见费,经汇总后得出工程的预算造价,以下用公式来进一步表明确定建筑产品价格定额计价的基本方法和程序。

(1)每个计量单位建筑产品的基本构造要素(人工费+材料费+施工机械使用费)的直接费单价。

$$人工费=\sum(人工工日数量\times人工工日工资标准)$$
$$材料费=\sum(材料用量\times材料预算价格)$$
$$机械使用费=\sum(机械台班用量\times台班单价)$$

(2)单位直接工程费=∑(假定建筑产品工程量)×直接费单价+其他直接费+现场经费。

(3)单位工程概预算造价=单位直接工程费+间接费+利润+税金。

工程量清单计价是发包人根据统一的工程量计算规则,编制工程量清单,承包人在业主提供的工程量清单基础上根据企业自身所掌握的各种信息、资料、结合企业定额编制出投标报价。具体计算程序为

$$分部分项工程费=\sum(分部分项工程量\times分部分项工程单价)$$
$$措施项目费=\sum(措施项目工程量\times措施项目综合单价)$$
$$单位工程报价=分部分项工程费+措施项目费+其他项目费+规费+税金$$

Ⅱ 工作任务

任务一　工程量清单的编制

🔷 学习目标

知识目标	分部分项工程量清单的编制内容;措施项目清单的编制内容;其他项目清单的编制内容;规费税金清单的编制内容
能力目标	通过对本部分内容的学习,能够应用所学知识,进行工程量清单的编制
思政目标	培养学生养成严谨踏实的职业责任和敬业奉献的精神

🔷 任务引领

识读附图,并完成图中工程量清单的列项工作。

附图 建筑施工图

⊕ **问题导入**

1.建设工程量清单计价规范的作用。

2.分部分项工程量清单的编制。

3.措施项目工程量清单的编制。

4.其他项目工程量清单的编制。

5.规费、税金项目清单的编制。

一、工程量清单的认知

(一)《建设工程工程量清单计价规范》(GB 50500—2013)简介

"工程量清单编制"与"工程量清单计价"是两个截然不同的概念,分别由招标人和投标人进行具体的操作。规范规定工程量清单应作为招标文件的组成部分,是编制标底和投标报价的依据,是签订工程合同、调整工程量和办理竣工结算的基础。

工程量清单计价行为,是指编制招标标底、投标报价、合同价款确定与调整、工程结算等的行为。投标人进行投标报价是工程量清单计价行为。

(二)工程量清单的适用范围

(1)全部使用国有资金投资或国有资金投资为主的工程建设项目,必须采用工程量清单计价。

(2)非国有资金投资的工程建设项目,可采用工程量清单计价。

(3)工程量清单是工程量清单计价的基础,应作为编制招标控制价、投标报价、工程计量及进度款支付、调整合同款、办理竣工结算以及工程索赔等的依据之一。

国有资金的工程建设项目:①国有资金投资的工程建设项目;②国家融资资金投资的工程建设项目。

国有资金投资为主的工程建设项目:国有资金占总投资额50%以上或虽不足50%,但国有资产投资者实质上拥有控股权的工程。

(三)工程量清单的组成

工程量清单由分部分项工程量清单、措施项目清单、其他项目清单、规费项目清单和税金项目清单等组成。

(四)工程量清单的编制依据

(1)《建设工程工程量清单计价规范》(GB 50500—2013),简称《计价规范》。

(2)国家或省级、行业建设主管部门颁发的计价依据和办法。

(3)建设工程设计文件。

(4)与建设工程项目有关的标准、规范、技术资料。

(5)招标文件及其补充通知、答疑纪要。

(6)施工现场情况、工程特点及常规施工方案。

（7）其他相关资料。

二、分部分项工程量清单的编制

（一）分部分项工程量清单的要求

五个统一：项目编码统一、项目名称统一、项目特征统一、计量单位统一、工程量计算规则统一。表 3-1 所示为混凝土工程及钢筋混凝土工程分部分项工程清单表。

表 3-1　混凝土及钢筋混凝土工程分部分项工程量清单表

项目编码	项目名称	项目特征	计量单位	工程计量规则	工程内容
010401001	带形基础	1.混凝土强度等级。2.混凝土拌合料要求。3.砂浆强度等级	m^3	按设计图示尺寸以体积计算。不扣除构件内钢筋、预埋铁件和深入承台基础的桩头所占体积	1.铺设垫层。2.混凝土制作、运输、浇筑、振捣、养护。3.地脚螺栓二次灌浆
010401002	独立基础				
010401003	满堂基础				
010401004	设备基础				
010401005	桩承台基础				
010401006	垫层				

注：工程量清单项目设置及工程计算规则，应按规定执行（编码：010401）。

（二）分部分项工程量清单的编码格式

项目编码是分部分项工程和措施项目清单名称的阿拉伯数字标识。分部分项工程量清单项目编码以五级编码设置，用十二位阿拉伯数字表示。一至四级编码为全国统一，即一至九位应按《计价规范》附录的规定设置；第五级即十至十二位为清单项目编码，应根据拟建工程的工程量清单项目名称设置，不得有重号，这三位清单项目编码由招标人针对招标工程项目具体编制，并应自 001 起顺序编制。

各级编码代表的含义如下。

（1）第一级表示工程分类顺序码（分二位）。

（2）第二级表示专业工程顺序码（分二位）。

（3）第三级表示分部工程顺序码（分二位）。

（4）第四级表示分项工程项目名称顺序码（分三位）。

（5）第五级表示工程量清单项目名称顺序码（分三位）。

工程量清单项目编码结构如图 3-1（以房屋建筑与装饰工程为例）所示。

当同一标段（或合同段）的一份工程量清单中含有多个单位工程且工程量清单是以单位工程为编制对象时，在编制工程量清单时应特别注意对项目编码十至十二位的设置不得有重码的规定。例如一个标段（或合同段）的工程量清单中含三个单位工程，每一单位工程中都有项目特征相同的实心砖墙砌体，在工程量清单中又需反映三个不同单位工程的实心砖墙砌体工程量时，则第一个单位工程的实心砖墙的项目编码应为 010401003001，第二个单位工程的实心砖墙的项目编码应为 010401003002,第三个单位工程的实心砖墙的项目编码应为 010401003003,并分别列出各单位工程实心砖墙的工程量。

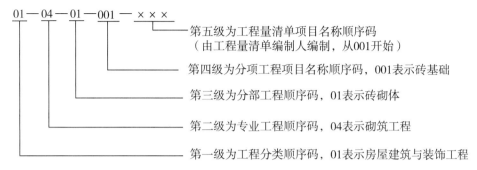

图 3-1　工程量清单项目编码结构

（三）分部分项工程量清单的项目名称

分部分项工程量清单的项目名称应按计价规范附录中的项目名称并结合拟建工程的实际情况确定,某工程工程量清单表如表 3-2 所示。

表 3-2　某工程工程量清单表

工程名称:某健身活动中心　　　　　　　　　　　　　　　　　　　　标段:

序号	项目编码	项目名称	项目特征描述	计量单位	工程数量	金额/元	
						综合单价	合价
A.1 土(石)方工程							
1	010101001001	平整场地	1.土壤类别:三类土。2.弃土运距:1 km 以内。3.取土运距:1 km 以内	m²	407.410		
2	010101003001	挖基础土方（JC-1）	1.土壤类别:三类土。2.基础类型:独立。3.垫层底宽、底面积:3 100 mm×3 100 mm。4.挖土深度:2 m 以内。5.弃土运距:1 km 以内	m³	69.700		
3	010101003002	挖基础土方（JC-2）	1.土壤类别:三类土。2.基础类型:独立。3.垫层底宽、底面积:3 500 mm×3 500 mm。4.挖土深度:2 m 以内。5.弃土运距:1 km 以内	m³	87.620		

续表

序号	项目编码	项目名称	项目特征描述	计量单位	工程数量	金额/元	
						综合单价	合价
4	010101003003	挖基础土方（JC-3）	1.土壤类别:三类土。 2.基础类型:独立。 3.垫层底宽、底面积:3 800 mm×3 800 mm。 4.挖土深度:2 m以内。 5.弃土运距:1 km以内	m³	51.200		

(四) 项目特征描述

项目必须描述的内容如下。

(1)涉及正确计量的内容必须描述:如门窗洞口尺寸或框外围尺寸等。

(2)涉及结构要求的内容必须描述:如混凝土构件的混凝土强度等级等。

(3)涉及材质要求的内容必须描述:如油漆的品种是调和漆,还是硝基清漆等。

(4)涉及安装方式的内容必须描述:如管道工程中的钢管的连接方式是螺纹连接还是焊接。

(五) 工程数量的有效位数应遵循下列规定

(1)以"t"为单位,应保留小数点后三位数字,第四位四舍五入。

(2)以"m³""m²""m"为单位,应保留小数点后两位数字,第三位四舍五入;木材应保留小数点后三位数字。

(3)以"个""项"等为单位的,应取整数。

(六) 分部分项工程量清单的工程量

分部分项工程量清单中所列工程量应按附录中规定的工程量计算规则计算。

计价规范采用与国际接轨的基本计量单位,其计算规则着重强调按工程设计图的实体净量计量。

(七) 分部分项工程量清单编制程序

分部分项工程量清单编制程序如图3-2所示。

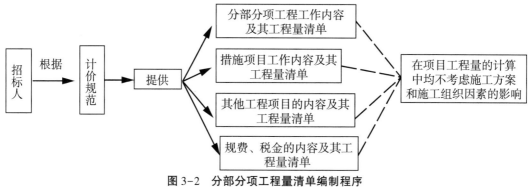

图 3-2 分部分项工程量清单编制程序

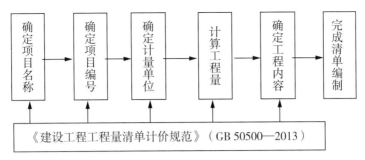

续图 3-2　分部分项工程量清单编制程序

三、措施项目清单的编制

措施项目清单的编制,如表 3-3~表 3-5 所示。

可竞争项目:可以计算工程量的项目;不宜计算工程量的项目。

不可竞争项目:安全文明施工费。

表 3-3　总价措施项目一览表

序号	项目名称
1	安全文明施工(含环境保护、文明施工、安全施工、临时设施)
2	夜间施工增加
3	二次搬运
4	冬雨季施工增加
5	已完工程及设备保护费

表 3-4　单价措施项目一览表

序号	项目名称
1	混凝土模板及支架
2	脚手架
3	垂直运输
4	超高施工增加
5	大型机械设备进出场及安拆
6	施工排水、降水

表 3-5　安全文明施工及其他措施项目一览表

序号	项目名称
1	安全文明施工
2	夜间施工
3	非夜间施工照明
4	二次搬运
5	冬雨季施工
6	地上、地下设施,建筑物的临时保护设施
7	已完工程及设备保护费

注:建筑物超高费在分部分项工程项目清单中体现。

四、其他项目清单的编制

(一)暂列金额(招标单位提供价格)

招标人在工程量清单中暂定并包括在合同价款中的一笔款项。用于施工合同签订时尚未确定或者不可预见的所需材料、设备、服务的采购,施工中可能发生的工程变更、合同约定调整因素出现时的工程价款调整以及发生的索赔、现场签证确认等的费用。

暂列金额由招标人根据工程特点,按有关计价规定进行估算确定,一般以分部分项工程量清单费的 10% ~ 15% 为参考。

(二)暂估价(招标单位提供价格)

招标人在工程量清单中提供的用于支付必然发生但暂时不能确定价格的材料的单价以及专业工程的金额。

材料暂估价:甲方列出暂估的材料单价及使用范围,乙方按照此价格来进行组价,并计入相应清单的综合单价中;其他项目合计中不包含,只是列项。

专业工程暂估价:按项列支,如塑钢门窗、玻璃幕墙、防水等,价格中包含除规费、税金外的所有费用;此费用计入其他项目合计中。

(三)计日工(招标单位提供暂定数量)

在施工过程中,完成发包人提出的施工图纸以外的零星项目或工作,按合同中约定的综合单价计价的一种计价方式。

(四)总承包服务费(招标单位提供服务项目内容)

总承包人为配合协调发包人进行的对工程分包自行采购的设备、材料等进行管理和服务以及施工现场管理、竣工资料汇总整理等服务所需的费用。

它是指在工程建设的施工阶段实行施工总承包时,当招标人在法律、法规允许的范围内对工程进行分包和自行采购供应部分设备、材料时,要求总承包人提供相关服务(如分包人使用总包人的脚手架、水电接剥等)和施工现场管理等所需的费用。

总承包服务费是为了解决招标人在法律、法规允许的条件下进行专业工程发包,以及自行供应材料、设备,并需要总承包人对发包的专业工程提供协调和配合服务,对供应的材料、设备提供收、发和保管服务以及进行施工现场管理时发生,并向总承包人支付的费用。招标人应预计该项费用并按投标人的投标报价向投标人支付该项费用。

五、规费、税金项目清单的编制

(1)规费项目清单包括养老保险、医疗保险、失业保险、工伤保险、生育保险和住房公积金等。

(2)税金项目清单应包括营业税、城市建设维护税、教育费附加等。出现未包含在上述规范中的项目,应根据税务部门的规定列项。

实训工单一　工程量清单的编制

姓名:	学号:	日期:
班级组别:	组员:	

1.实训资料准备

见任务图纸。

2.实训表格

分部分项工程量清单表

序号	项目编码	项目名称	项目特征描述	计量单位

 学生互评

小组之间按照统一标准,对各小组回答问题、完成任务的过程及结果进行互评。

完成任务　成绩评定表

姓名:　　　　班级:　　　　学号:　　　　学习任务:　　　　　　组长:　　　　教师:

序号	考评项目	考核内容	分值	教师评分（权重 0.6）	组长评分（权重 0.2）	自我评分（权重 0.2）
1	学习态度	出勤率、听课态度、实训表现等	2			
2	学习能力	课堂回答问题、完成学生工作页情况、完成练习题情况	2			
3	操作能力	计算、实操记录、作品成果质量	3			
4	团队成绩	所在小组完成任务质量、速度情况	3			
		合计	10			
综合评价						

任务二　工程量清单计价的编制

⊕ 学习目标

知识目标	分部分项工程量清单的编制内容;措施项目清单的编制内容;其他项目清单的编制内容;规费税金清单的编制内容
能力目标	通过对本部分内容的学习,能够应用所学知识,进行工程量清单计价文件的编制
思政目标	引导学生在"规范"的指导下,规范做人,规范做事,严格按照我国社会主义现代化建设领域的规章制度进行建设工程领域的工程造价控制,严格按照工程量计算规范进行工程计量,严格按照工程量清单计价规范的各项要求进行工程造价的控制工作,坚持培养拥护中国共产党领导和我国社会主义制度、立志为中国特色社会主义奋斗终身的社会主义建设者和接班人

⊕ 任务引领

　　某工程建筑面积为 1 600 m²,纵横外墙基均采用同一断面的带形基础,无内墙,基础总长度为 80 m,基础上部为 370 实心砖墙,带形基础示意图如图 3-3 所示。混凝土现场浇筑,强度等级:基础垫层为 C15,带形基础及其他构件均为 C30。项目编码及其他现浇有梁板及直形楼梯等分项工程的工程量见分部分项工程量清单与计价表,如表 3-6 所示。招标文件要求:①弃土采用翻斗车运输,运距为 200 m,基坑夯实回填,挖、填土方计算均按天然密实土;②土建单位工程投标总报价根据清单计价的金额确定。某承包商拟投标此项工程,并根据本企业的管理水平确定管理费率为 12%,利润率和风险系数为 4.5%(以人工费、材料费、机械费和管理费为基数计算)。

　　问题如下。

　　(1)根据图示内容、《房屋建筑与装饰工程计量规范》和《计价规范》的规定,计算该工程带形基础、垫层及挖填土方的工程量,计算过程填入表 3-6 中。

　　(2)施工方案确定:基础土方为人工放坡开挖,依据企业定额的计算规则规定,工作面每边300 mm;自垫层上表面开始放坡,坡度系数为 0.33,余土全部外运。计算基础土方工程量。

　　(3)根据企业定额消耗量(如表 3-7 所示)、市场资源价格表(如表 3-8 所示)和《全国统一建筑工程基础定额》混凝土配合比(如表 3-9 所示),模板费用放在措施项目费用中,编制该工程分部分项工程量清单综合单价表和分部分项工程量清单与计价表。

（4）措施项目企业定额费用表如表3-10所示；工程量清单措施项目的统一编码如表3-11所示；措施费中安全文明施工费（含环境保护、文明施工、安全施工、临时设施）、夜间施工增加费、二次搬运费、冬雨季施工、已完工程和设备保护设施费的计取费率分别为3.12%、0.7%、0.60%、0.8%、0.15%，其计取基数均为分部分项工程量清单合计价。基础模板、楼梯模板、有梁板模板、综合脚手架工程量分别为224 m²、31.6 m²、1 260 m²、1 600 m²，垂直运输按建筑面积计算其工程量。依据上述条件和《房屋建筑与装饰工程计量规范》的规定，计算并编制该工程的措施项目清单计价表（一）、措施项目清单计价表（二）。

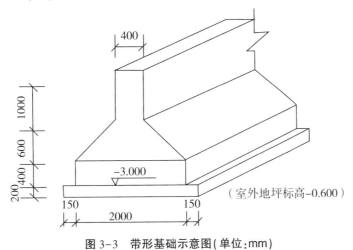

图3-3　带形基础示意图（单位：mm）

（5）其他项目清单与计价汇总表中明确：暂列金额300 000元，业主采购钢材暂估价300 000元（总包服务费按1%计取）。专业工程暂估价500 000元（总包服务费按4%计取），计日工中暂估60个工日，单价为80元/工日。编制其他项目清单与计价汇总表，若现行规费与税金分别按5%、3.48%计取，编制单位工程投标报价汇总表，确定该土建单位工程的投标报价。

表3-6　分部分项工程量清单与计价表

序号	项目编码	项目名称	项目特征	计量单位	工程量
1	010101002001	挖沟槽土方	三类土，挖土深度4 m以内弃土运距200 m	m³	—
2	010103001001	基础回填土	夯填	m³	—
3	010501001001	带形基础垫层	C15混凝土厚200 mm	m³	—
4	010501002001	带形基础	C30混凝土	m³	—
5	010505001001	有梁板	C30混凝土厚120 mm	m³	189.00
6	010506001001	直行楼梯	C30混凝土	m²	31.60

表 3-7 企业定额消耗量

企业定额编号			8-16	5-394	5-417	5-421	1-9	1-46	1-54
项目		单位	混凝土垫层	混凝土带形基础	混凝土有梁板	混凝土楼梯	人工挖三类土	回填夯实土	翻斗车运土
人工	综合工日	工日	1.225	0.956	1.307	0.575	0.661	0.294	0.100
材料	现浇混凝土	m³	1.010	1.015	1.015	0.260			
	草袋	m²	0.000	0.252	1.099	0.218			
	水	m³	0.500	0.919	1.204	0.290			
机械	混凝土搅拌机 400 L	台班	0.101	0.039	0.063	0.026			
	插入式振捣器		0.000	0.077	0.063	0.052			
	平板式振捣器		0.079	0.000	0.063	0.000			
	机动翻斗车		0.000	0.078	0.000	0.000			
	电动打夯机		0.000	0.000	0.000	0.000			

表 3-8 市场资源价格表

序号	资源名称	单位	价格/元	序号	资源名称	单位	价格/元
1	综合工日	工日	50.00	7	草袋	m²	2.20
2	32.5 水泥	t	460.00	8	混凝土搅拌机 400L	台班	96.85
3	粗砂	m³	90.00	9	插入式振捣机	台班	10.74
4	砾石 40	m³	52.00	10	平板式振捣机	台班	12.89
5	砾石 20	m³	52.00	11	机动翻斗车	台班	83.31
6	水	m³	3.90	12	电动打夯机	台班	25.61

表 3-9 《全国统一建筑工程基础定额》混凝土配合比表

项目		单位	C15	C30 带形基础	C30 有梁板及楼梯
材料	32.5 水泥	kg	249.00	312.00	359.00
	粗砂	m³	0.510	0.430	0.460
	砾石 40	m³	0.850	0.890	0.000
	砾石 20	m³	0.000	0.000	0.830
	水	m³	0.170	0.170	0.190

表 3-10　措施项目企业定额费用表

定额编号	项目名称	计量单位	人工费/元	材料费/元	机械费/元
10—6	带形基础竹胶板木支撑	m²	10.04	30.86	0.84
10—21	直行楼梯木模板木支撑	m²	39.34	65.12	3.72
10—50	有梁板竹胶板木支撑	m²	11.58	42.24	1.59
11—1	综合脚手架	m²	7.07	15.02	1.58
12—5	垂直运输机械	m²	0	0	25.43

表 3-11　工程量清单措施项目的统一编码

项目编码	项目名称	项目编码	项目名称
011701001	综合脚手架	011707001	安全文明施工费(含环境保护,文明施工,安全施工,临时施工)
011702001	基础模板	011707002	夜间施工增加费
011702014	有梁板模板	011707004	二次搬运费
011702024	楼梯模板	011707005	冬雨季施工费
011703001	垂直运输机械	011707007	已完工程和设备保护设施费

◈ 问题导入

1.清单计价模式下工程造价的组成。

2.工程计量与价款支付。

一、工程量清单计价认知

(一)清单计价模式下工程造价的组成

工程量清单计价是指投标人完成由招标人提供的工程量清单所需的全部费用,采用工程量清单计价,建设工程造价由分部分项工程费、措施项目费、其他项目费、规费和税金等组成。

1.分部分项工程

$$分部分项工程的造价 = \Sigma(综合单价×分部分项工程量)$$

综合单价=人工费+材料费+机械费+管理费+利润+由投标人承担的风险费用+

其他项目清单中的材料暂估价

由投标人承担的风险费用根据我国工程建设特点,投标人应完全承担的风险是技术风险和管理风险,如管理费和利润等;应有限度承担的是市场风险,如材料价格、施工机械使用费等的风险;应完全不承担的是法律、法规、规章和政策变化的风险。可见综合单价中不包含规费和税金。

材料价格的风险宜控制在 5% 以内,施工机械使用费的风险可控制在 10% 以内,超过者予以调整。

其他项目清单中的材料暂估价为方便合同管理,需要纳入分部分项工程量清单项目综合单价中的暂估价应只是材料费,以方便投标人估价。

暂估价中的材料单价应按照工程造价管理机构发布的工程造价信息或参考市场价格确定。

2.措施项目清单计价

其按建设工程项目的实体项目与可竞争措施项目中(除其他可竞争项目中的其他以外)的人工费和机械费之和乘以相应的系数计算。

可以计算工程量的项目:典型的是混凝土浇筑的模板工程,可以计算工程量适宜采用分部分项工程量清单方式的措施项目应采用综合单价计价。

不宜计算工程量的项目:其费用的发生和金额的大小与使用时间、施工方法或者两个以上工序相关,与实际完成的实体工程量的多少关系不大,典型的是大中型施工机械、临时设施等,以"项"为单位的方式计价,应包括除规费、税金外的全部费用。

安全文明施工费:应按照国家或省级、行业建设主管部门的规定计价,不得作为竞争性费用。

(二)一般规定

1.计价的多次性

工程造价的计价具有动态性和阶段性(多次性)的特点。工程建设项目从决策到竣工交付使用,都有一个较长的建设期。在整个建设期内,影响工程造价的任何因素发生变化都必然会导致工程造价的变动,不能一次确定可靠的价格,要到竣工结算后才能最终确定工程造价,因此需对建设程序的各个阶段进行计价,以保证工程造价确定和控制的科学性。工程造价的多次性计价反映了不同的计价主体对工程造价的逐步深化、逐步细化、逐步接近和最终确定工程造价的过程。

2.建设工程造价的组成

采用工程量清单计价时,建设工程造价由分部分项工程费、措施项目费、其他项目费、规费、税金等五部分组成。

3.工程计价方法

《建筑工程施工发包与承包计价管理办法》(建设部令第 107 号)第五条规定,工程计价方法包括工料单价法和综合单价法。实行工程量清单计价应采用综合单价法,综合单价为完成一个规定计量单位的分部分项工程量清单项目或措施项目清单项目所需的人工费、材料费、施工机械使用费和企业管理费与利润,以及一定范围内的风险费用。

4.清单所列工程量与竣工结算时工程量的差异

招标文件中的工程量清单标明的工程量是投标人投标报价的共同基础,竣工结算的工程量按发、承包双方在合同中约定应予计量且实际完成的工程量确定。

招标文件中工程量清单所列的工程量是一个预计工程量,它一方面是各投标人进行投标报价的共同基础,另一方面也是对各投标人的投标报价进行评审的共同平台,体现了招投标活动中的公开、公平、公正和诚实信用原则。发、承包双方竣工结算的工程量应按经发、承包双方认可的实际完成的工程量确定,而非招标文件中工程量清单所列的工程量。

5.措施项目清单计价

措施项目清单计价应根据拟建工程的施工组织设计,规定可以计算工程量的措施项目宜采用分部分项工程量清单的方式编制,与之相对应,这部分的措施项目应采用综合单价计价;其余的措施项目以"项"为计量单位的,按项计价,但应包括除规费、税金以外的全部费用。

《计价规范》规定措施项目清单中的安全文明施工费应按国家或省级、行业建设主管部门的规定费用标准计价,招标人不得要求投标人对该项费用进行优惠,投标人也不得将该项费用用于参与市场竞争。

措施项目清单中的安全文明施工费包括文明施工费、环境保护费、临时设施费、安全施工费等。

6.其他项目清单计价

其他项目清单计价应根据工程特点和《计价规范》的规定计价。

若招标人在工程量清单中提供了暂估价的材料或专业工程属于依法必须招标的,按照《工程建设项目货物招标投标办法》(国家发改委、建设部等七部委 27 号令)第五条"以暂估价形式包括在总承包范围内的货物达到国家规定规模标准的,应当由总承包中标人和工程建设项目招标人共同依法组织招标"的规定设置。此项规定同样适用于以暂估价形式出现的专业分包工程。

7.规费和税金计价规定

规费和税金应按照国家或省级、行业建设主管部门依据国家税法及省级政府或省级有关权力部门的规定确定,在工程计价时应按规定计算,不得作为竞争性费用。

8.风险合理分担

《计价规范》定义的风险是综合单价包含的内容。根据我国目前工程建设的实际情况,各省、自治区、直辖市建设行政主管部门均根据当地劳动行政主管部门的有关规定发布人工成本信息,对此关系职工切身利益的人工费不宜纳入风险,材料价格的风险宜控制在 5%以内、施工机械使用费的风险可控制在 10%以内,超过者予以调整,管理费和利润的风险由投标人全部承担。

二、招标控制价

国有资金投资的工程建设项目应实行工程量清单招标,并应编制招标控制价。

（一）招标控制价的概念

招标控制价是在工程招标发包过程中,由招标人根据有关计价规定计算的工程造价,其作用是招标人用于对招标工程发包的最高限价,有的地方亦称拦标价、预算控制价。

（二）编制和使用招标控制价的原则

我国对国有资金投资项目的投资控制实行的是投资概算审批制度,国有资金投资的工程原则上不能超过批准的投资概算。招标控制价超过批准的概算时,招标人应将其报原概算审批部门进行审核。

国有资金投资的工程进行招标,根据《中华人民共和国招标投标法》的规定,招标人可以设标底。当招标人不设标底时,为有利于客观、合理地评审投标报价和避免哄抬标价,造成国有资产流失,招标人应编制招标控制价。

(三)编制主体

招标人负责编制招标控制价,当招标人不具有编制招标控制价的能力时,根据《工程造价咨询企业管理办法》(建设部令第149号)的规定,可委托具有工程造价咨询资质的工程造价咨询企业编制。工程造价咨询人不得同时接受招标人和投标人对同一工程的招标控制价和投标报价的编制。

(四)编制依据

编制招标控制价使用的计价标准、计价政策应是国家或省级、行业建设主管部门颁布的计价定额和相关政策规定;采用的材料价格应是以工程造价管理机构通过工程造价信息发布的材料单价为主;工程造价计价中费用的计算以国家或省级、行业建设主管部门对工程造价计价中费用或费用标准的规定为主。

(1)《计价规范》。

(2)国家或省级、行业建设主管部门颁布的计价定额和计价办法。

(3)建设工程设计文件及相关资料。

(4)招标文件中的工程量清单及有关要求。

(5)与建设项目相关的标准、规范、技术资料。

(6)工程造价管理机构发布的工程造价信息,工程造价信息没有发布的参照市场价。

(7)其他相关资料。

(五)分部分项工程费的计价要求

(1)工程量的确定,依据分部分项工程量清单中的工程量。

(2)综合单价的确定,按照编制依据中的规定确定综合单价。

(3)招标文件提供了暂估单价的材料,应按暂估的单价计入综合单价。

(4)为使招标控制价与投标报价所包含的内容一致,综合单价中应包括招标文件中要求投标人所承风险内容及其范围(幅度)产生的风险费用。

暂估价中的材料单价应按照工程造价管理机构发布的工程造价信息或参考市场价格确定。

(六)措施项目费的计价原则

按建设工程项目的实体项目与可竞争措施项目中(除其他可竞争项目中的其他以外)的人工费和机械费之和乘以相应的系数计算。

(七)其他项目费的计价要求

1.暂列金额

暂列金额由招标人根据工程特点,按有关计价规定进行估算确定,一般可以取分部分项工程量清单费的 10%~15% 为参考。

2.暂估价

暂估价中的材料单价应按照工程造价管理机构发布的工程造价信息或参考市场价格确定。暂估价中的专业工程暂估价应分不同专业,按有关计价规定估算。

3.计日工

招标人应根据工程特点,按照列出的计日工项目和有关计价依据计算。

4.总承包服务费

招标人应根据招标文件中列出的内容和向总承包人提出的要求,参照下列标准计算。

(1)招标人仅要求对分包的专业工程进行总承包管理和协调时,按分包的专业工程估算造价的 1.5% 计算。

(2)招标人要求对分包的专业工程进行总承包管理和协调,并同时要求提供配合服务时,根据招标文件中列出的配合服务内容和提出的要求,按分包的专业工程估算造价的 3%~5% 计算。

(3)招标人自行供应材料的,按招标人供应材料价值的 1% 计算。

(八)规费和税金的计取原则

规费和税金必须按国家或省级、行业建设主管部门的规定计算。

三、投标报价

(一)投标报价的概念

投标报价是在工程招标发包过程中,由投标人按照招标文件的要求,根据工程特点,并结合自身的施工技术、装备和管理水平,依据有关计价规定自主确定的工程造价,是投标人希望达成工程承包交易的期望价格,它不能高于招标人设定的招标控制价。

(二)投标报价确定的原则

(1)除计价规范强制性规定外,投标报价由投标人自主确定。

(2)投标报价不得低于成本。《计价规范》规定投标人的投标报价不得低于成本。

(3)投标报价的编制主体。投标报价由投标人或受其委托具有相应资质的工程造价咨询人编制。

(三)填写工程量清单的要求

实行工程量清单招标,招标人在招标文件中提供工程量清单,其目的是使各投标人在投标报价中具有共同的竞争平台。因此,要求投标人在投标报价中填写的工程量清单的项目编码、项目名称、项目特征、计量单位、工程数量必须与招标人在编制的招标文件中提供的一致。

(四)投标报价应遵循的依据

投标报价最基本特征是投标人自主报价,它是市场竞争形成价格的体现。

(1)《计价规范》。

(2)国家或省级、行业建设主管部门颁布的计价办法。

(3)企业定额,国家或省级、行业建设主管部门颁布的计价定额。

（4）招标文件、工程量清单及补充通知、答疑纪要。

（5）建设工程设计文件及相关资料。

（6）施工现场情况、工程特点及拟定的投标施工组织或施工方案。

（7）与建设项目相关的标准、规范等技术资料。

（8）市场价格信息或工程造价管理机构发布的工程造价信息。

（9）其他的相关资料。

（五）分部分项工程费中确定综合单价的要求

（1）综合单价的组成内容应符合《计价规范》的规定，综合单价的计算程序与控制价中的相同。

（2）招标文件中提供了暂估单价的材料，应按暂估的单价计入综合单价。

（3）综合单价中应考虑招标文件中要求投标人承担的风险内容及其范围（幅度）产生的风险费用。在施工过程中，当出现的风险内容及其范围（幅度）在合同约定的范围内时，工程价款不做调整。

【例3.1】 土方工程综合单价的确定。

背景：某多层砖混住宅土方工程，土壤类别为三类土；基础为砖大放脚带形基础；混凝土垫层宽度为 920 mm；挖土深度为 1.8 m；弃土运距为 3 km。基础总长度为 1 590.60 m。

（1）经业主根据基础施工图计算：基础挖土截面积为：$0.92 \times 1.8 = 1.656 \ m^2$，基础总长度为 1 590.60 m，土方挖方清单工程量为 2 634 m^3。

（2）经投标人根据地质资料和施工方案及预算定额计算：

1）基础挖土截面为$(1.52+0.9) \times 1.8 = 4.356 \ m^2$（工作面宽度各边为 0.30 m，放坡系数为 $1：0.5$）。基础总长为 1 590.60 m；土方挖方总量为 6 929 m^3。

2）2 人工挖土方量为 6 929 m^3，根据施工方案除沟边堆土外，现场堆土为 2 800 m^3、运距为 60 m，采用人工运输。装载机装、自卸汽车运，运距为 3 km、土方量为 2 210 m^3。

解 综合单价分析表计算结果如表 3-12 所示。

表 3-12　综合单价分析表

工程名称：　　　　　　　标段：　　　　　　　　　　　　　第　　页共　　页

项目编码	010101003001	项目名称	挖基础土方	计量单位	m^3	工程量	2 634

| 清单综合单价组成明细 ||||||||

定额编号	定额名称	定额单位	数量	单价/元				合价/元			
				人工费	材料费	机械费	管理费和利润	人工费	材料费	机械费	管理费和利润
A1-11	人工挖沟槽一、二类土深度（2 m 以内）	100 m^3	0.026	1 030.50	—	4.23	72.43	26.79	—	0.11	1.88

续表

定额编号	定额名称	定额单位	数量	单价/元				合价/元			
				人工费	材料费	机械费	管理费和利润	人工费	材料费	机械费	管理费和利润
A1-96	人工运土方运距20 m以内	100 m³	0.011	590.10	—	—	41.30	6.49	—	—	0.45
A1-97	人工运土方200 m以内每增加20 m	100 m³	0.022	132.00			9.24	2.90			0.20
A1-124	机械运土方运距1 000 m（20 km以内）	1 000 m³	0.001	249.60	26.06	8 876.18	638.80	0.25	0.02	8.88	0.64
A1-125	机械运土方运距20 km以内每增加1 000 m	1 000 m³	0.002	—	—	1 319.28	92.35			2.63	0.18
人工单价		小计						36.43	0.02	11.62	3.35
元/工日		未计价材料费									
清单项目综合单价											

材料费明细	主要材料名称、规格、型号		单位	数量	单价/元	合价/元	暂估单价/元	暂估合价/元
	其他材料费				—	0.02		
	材料费小计				—	0.02		

注：1.如不使用省级或行业建设主管部门发布的计价依据，可不填定额项目、编号等。

　　2.招标文件提供了暂估单价的材料，按暂估的单价填入表内"暂估单价"栏及"暂估合价"栏。

　　3.表中"管理费和利润"按照（人工费+机械费）×费率计算。

　　4.表中"数量"是单位清单量中的定额含量。

（六）措施项目费投标报价的要求

由于各投标人拥有的施工装备、技术水平和采用的施工方法有所差异，招标人提出的措施项目清单是根据一般情况确定的，没有考虑不同投标人的"个性"，投标人投标时应根据自身编制的投标施工组织设计或施工方案确定措施项目，对招标人提供的措施项目进行调整。投标人根据投标施工组织设计或施工方案调整和确定的措施项目应通过评标委员会的评审。

措施项目费的计算包括如下三方面。

(1)措施项目的内容应依据招标人提供的措施项目清单和投标人投标时拟定的施工组织设计或施工方案。

(2)措施项目费的计价方式应根据招标文件的规定,可以计算工程量的措施清单项目采用综合单价方式报价,其余的措施清单项目采用以"项"为计量单位的方式报价。

(3)措施项目费由投标人自主确定,但其中安全文明施工费应按国家或省级、行业建设主管部门的规定确定。

(七)其他项目费投标报价的要求

(1)暂列金额应按照其他项目清单中列出的金额填写,不得变动。

(2)暂估价不得变动和更改。暂估价中的材料必须按照暂估单价计入综合单价;专业工程暂估价必须按照其他项目清单中列出的金额填写。

(3)计日工应按照其他项目清单列出的项目和估算的数量,自主确定各项综合单价并计算费用。

(4)总承包服务费应依据招标人在招标文件中列出的分包专业工程内容和供应材料、设备情况,按照招标人提出协调、配合与服务要求和施工现场管理需要自主确定。

(八)规费和税金计取的要求

规费和税金的计取标准是依据有关法律、法规和政策规定制定的,具有强制性。投标人是法律、法规和政策的执行者,不能改变,更不能制定,而必须按照法律、法规、政策的有关规定执行。因此,本条规定投标人在投标报价时必须按照国家或省级、行业建设主管部门的有关规定计算规费和税金。

(九)总价的要求

实行工程量清单招标,投标人的投标总价应当与组成工程量清单的分部分项工程费、措施项目费、其他项目费、规费和税金的合计金额相一致,即投标人在投标报价时,不能进行投标总价优惠(或降价、让利),投标人对招标人的任何优惠(或降价、让利)均应反映在相应清单项目的综合单价中。

四、工程合同价款的约定

(一)合同价的概念

合同价是在工程发、承包交易过程中,由发、承包双方以合同形式确定的工程承包价格。采用招标发包的工程,其合同价应为投标人的中标价。

(二)合同约定的要求

招标人和中标人应当自中标通知书发出之日起30日内,按照招标文件和中标人的投标文件订立书面合同。招标人和中标人不得再行订立背离合同实质性内容的其他协议。

在工程招投标及建设工程合同签订过程中,招标文件应视为要约邀请,投标文件为要约,中标通知书为承诺。因此,在签订建设工程合同时,若招标文件与中标人的投标文件有不一致的地方,应以投标文件为准。

（三）合同方式

对实行工程量清单计价的工程,宜采用单价合同,不宜采用固定总价合同,即合同约定的工程价款中所包含的工程量清单项目综合单价在约定条件内是固定的,不予调整,工程量允许调整。工程量清单项目综合单价在约定的条件外,允许调整。调整方式、方法应在合同中约定。

五、工程计量与价款支付

（一）发包人和承包人的概念

"发包人"有时也称建设单位或业主,在工程招标发包中,又被称为招标人。

"承包人"有时也称施工企业,在工程招标发包过程中,投标时又被称为投标人,中标后称为中标人。

（二）预付款支付和抵扣

发包人应按照合同约定支付工程预付款。支付的工程预付款,按照合同约定在工程进度款中抵扣。

发包人应按合同约定的时间和比例(或金额)向承包人支付工程预付款。当合同对工程预付款的支付没有约定时,按以下规定办理。

（1）工程预付款的额度,原则上预付比例不低于合同金额(扣除暂列金额)的10%,不高于合同金额(扣除暂列金额)的30%,对重大工程项目,按年度工程计划逐年预付。实行工程量清单计价的工程,实体性消耗和非实体性消耗部分宜在合同中分别约定预付款比例(或金额)。

（2）工程预付款的支付时间:在具备施工条件的前提下,发包人应在双方签订合同后的一个月内或约定的开工日期前的7天内预付工程款。

（3）若发包人未按合同约定预付工程款,承包人则应在预付时间到期后10天内向发包人发出要求预付的通知,发包人收到通知后仍不按要求预付,承包人则可在发出通知14天后停止施工,发包人应从约定应付之日起按同期银行贷款利率计算向承包人支付应付预付款的利息,并承担违约责任。

（4）凡是没有签订合同或不具备施工条件的工程,发包人不得预付工程款,不得以预付款为名转移资金。

（三）进度计量和支付的要求

发包人支付工程进度款,应按照合同约定计量和支付,支付周期同计量周期。

工程量的正确计量是发包人向承包人支付工程进度款的前提和依据。计量和付款周期可采用分段或按月结算的方式,当采用分段结算方式时,应在合同中约定具体的工程分段划分,付款周期应与计量周期一致。

（四）工程计量的要求

工程计量时,若发现工程量清单中出现漏项、工程量计算偏差,以及工程变更引起的工程量增减,工程量应按承包人在履行合同义务过程中的实际完成工程量计量。

承包人应按照合同约定,向发包人递交已完工程量报告。发包人应在接到报告后按合同约定进行核对。

发、承包双方认可的核对后的计量结果应作为支付工程进度款的依据。

(五)递交进度款支付申请的要求

承包人应在每个付款周期末(月末或合同约定的工程段完成后),向发包人递交进度款支付申请。

(六)发包人核对和支付工程价款的要求

发包人在收到承包人递交的工程进度款支付申请及相应的证明文件后,应在合同约定时间内核对和支付工程价款。发包人应扣回的工程预付款,与工程进度款同期结算抵扣。

发包人应按合同约定的时间核对承包人的支付申请,并应按合同约定的时间和比例向承包人支付工程进度款。当发、承包双方在合同中未对工程进度款支付申请的核对时间以及工程进度款支付时间、支付比例做约定时,按以下规定办理。

(1)发包人应在收到承包人的工程进度款支付申请后14天内核对完毕。否则,从第15天起承包人递交的工程进度款支付申请视为被批准。

(2)发包人应在批准工程进度款支付申请的14天内,向承包人按不低于计量工程价款的60%,不高于计量工程价款的90%向承包人支付工程进度款。

(3)发包人在支付工程进度款时,应按合同约定的时间、比例(或金额)扣回工程预付款。

(七)发包人未按合同约定支付工程进度款的处理原则

发包人未在合同约定时间内支付工程进度款,承包人应及时向发包人发出要求付款的通知,发包人收到承包人通知后仍不按要求付款,可与承包人协商签订延期付款协议,经承包人同意后延期支付。协议应明确延期支付的时间和从付款申请生效后按同期银行贷款利率计算付款的利息。

发包人不按合同约定支付工程进度款,且与承包人又未能达成延期付款协议时,承包人可停止施工,由发包人承担违约责任。

【例3.2】 某施工单位承包某工程项目,甲乙双方签订的关于工程价款的合同内容如下。

(1)建筑安装工程造价为660万元,建筑材料及设备费占施工产值的比例为60%。

(2)工程预付款为建筑安装工程造价的20%。工程实施后,工程预付款从未施工工程尚需的建筑材料及设备费相当于工程预付款数额时起扣,从每次结算工程价款时按材料和设备占施工产值的比重扣抵工程预付款,竣工前全部扣清。

(3)工程进度款逐月计算。

(4)工程质量保证金为建筑安装工程造价的3%,竣工结算月一次扣留。

(5)建筑材料和设备价差调整按当地工程造价管理部门有关规定执行(当地工程造价管理部门规定,上半年材料和设备价差上调10%,在6月份一次调增)。工程各月实际完成产值(不包括调查部分)如表3-13所示。

表 3-13　各月实际完成产值(不包括调查部分)

单位:万元

月份	2	3	4	5	6	合计
完成产值	55	110	165	220	110	660

问题如下。

(1)通常工程竣工结算的前提条件是什么?

(2)工程价款结算的方式有哪几种?

(3)该工程的工程预付款、起扣点为多少?

(4)该工程 2 月至 5 月每月拨付工程款为多少? 累计工程款为多少?

(5)6 月份办理竣工结算,该工程结算造价为多少? 工程结算款为多少?

(6)该工程在保修期间发生屋面漏水,甲方多次催促乙方修理,乙方一再拖延,最后甲方另请施工单位修理,修理费 1.5 万元,该项费用如何处理?

解

问题(1):工程竣工结算的前提条件是承包商按照合同规定的内容全部完成所承包的工程,并符合合同要求,经相关部门联合验收质量合格。

问题(2):工程价款的结算方式分为:按月结算、按形象进度分段结算、竣工后一次结算和双方约定的其他结算方式。

问题(3):

$$工程预付款:660 \times 20\% = 132 \ 万元$$

$$起扣点:660 - 132/60\% = 440 \ 万元$$

问题(4):各月拨付工程款为

2 月:工程款 55 万元,累计工程款 55 万元

3 月:工程款 110 万元,累计工程款 $= 55 + 110 = 165$ 万元

4 月:工程款 165 万元,累计工程款 $= 165 + 165 = 330$ 万元

5 月:工程款 $220 - (220 + 330 - 440) \times 60\% = 154$ 万元

累计工程款 $= 330 + 154 = 484$ 万元

问题(5):工程结算总造价:

$$660 + 660 \times 60\% \times 10\% = 699.6 \ 万元$$

甲方应付工程结算款:

$$699.6 - 484 - (699.60 \times 3\%) - 132 = 62.612 \ 万元$$

问题(6):1.5 万元维修费应从扣留的质量保证金中支付。

六、索赔与现场签证

(一)索赔与现场签证的概念

"索赔"是专指工程建设的施工过程中,发、承包双方在履行合同时,对于非自己过错的责任事件并造成损失时,向对方提出补偿要求的行为。

"现场签证"是专指在工程建设的施工过程中,发、承包双方的现场代表(或其委托人)对施工过程中由于发包人的责任致使承包人在工程施工中于合同内容外发生了额外的费用,由承包人通过书面形式向发包人提出,予以签字确认的证明。

(二)合同双方均有提出索赔的权利

建设工程施工中的索赔是发、承包双方行使正当权利的行为,承包人可向发包人索赔,发包人也可向承包人索赔。

(三)承包人应按合同约定的时间向发包人提出索赔,发包人应按合同约定的时间进行答复和确认

若承包人认为非承包人的原因造成了承包人的经济损失,承包人应在确认该事件发生后,按合同约定向发包人发出索赔通知。发包人在收到最终索赔报告后并在合同约定时间内,未向承包人做出答复,视为该项索赔已经成立。

承包人向发包人的索赔应在索赔事件发生后,持证明索赔事件发生的有效证据和依据正当的索赔理由,按合同约定的时间向发包人提出索赔。发包人应按合同约定的时间对承包人提出的索赔进行答复和确认。

(四)索赔的处理程序和要求

承包人索赔按下列程序处理。

(1)承包人在合同约定时间内向发包人递交费用索赔意向通知书。

(2)发包人指定专人收集与索赔有关的资料。

(3)承包人在合同约定时间内向发包人递交费用索赔申请表。

(4)发包人指定的专人初步审查费用索赔申请表。

(5)发包人指定的专人进行费用索赔核对,经造价工程师复核索赔金额后,与承包人协商确定并由发包人批准。

(6)发包人指定的专人应在合同约定时间内签署费用索赔申请表,或发出要求承包人提交有关索赔的进一步详细资料的通知,待收到承包人提交的详细资料后按(4)(5)的程序进行。

(五)承包人的费用索赔和工程延期要求相关联时,发包人在做出费用索赔的批准决定时应结合工程延期的批准,综合做出费用索赔和工程延期的决定

索赔事件发生后,在造成费用损失时,往往会造成工期的变动。当索赔事件造成的费用损失与工期相关联时,承包人应根据发生的索赔事件,在向发包人提出费用索赔要求的同时,提出工期延长的要求。

发包人在批准承包人的索赔报告时,应将索赔事件造成的费用损失和工期延长联系起来,综合做出批准费用索赔和工期延长的决定。

（六）发包人向承包人提出索赔的时间、程序和要求

若发包人认为由于承包人的原因造成额外损失，发包人应在确认引起索赔的事件后，按合同约定向承包人发出索赔通知。承包人在收到发包人的索赔通知后，在约定的时间内，未向发包人做出答复，视为该项索赔已经成立。

（七）承包人应发包人的要求完成合同以外的零星工作，应进行现场签证的要求

承包人应发包人要求完成合同以外的零星工作或非承包人责任事件发生时，承包人应按合同约定时间及时向发包人提出现场签证。

（八）发、承包双方确认的索赔与现场签证费用的要求

发、承包双方确认的索赔与现场签证费用应与工程进度款同期支付。

七、工程价款调整

（一）由于国家的法律、法规发生变化影响工程造价时，应按规定调整合同价款的要求

招标工程以投标截止日前 28 天，非招标工程以合同签订前 28 天为基准日，其后国家法律、法规、规章及政策发生变化影响工程造价的，应按省级或行业建设主管部门或其授权的工程造价管理机构发布的规定调整合同价款。

（二）新增项目综合单价的确定

因分部分项工程量清单的漏项或非承包人原因引起的工程变更，造成增加新的工程量清单项目，新增项目综合单价的确定方法如下。

（1）合同中已有适用的综合单价，按合同中已有的综合单价确定。

（2）合同中有类似的综合单价，参照类似的综合单价确定。

（3）合同中没有适用或类似的综合单价，由承包人提出综合单价，经发包人确认后执行。

（三）综合单价和措施项目费的调整

（1）当施工图纸（含设计变更）与工程量清单项目特征描述不一致时，发、承包双方应按实际施工的项目特征重新确定相应工程量清单项目的综合单价。

（2）因分部分项工程量清单漏项或非承包人原因的工程变更，增加新的分部分项工程量清单项目并引起措施项目发生变化，影响施工组织设计或施工方案变更，造成措施费发生变化的应调整措施费。

1）原措施费中已有的措施项目，按原措施费的组价方法调整。

2）原措施费中没有的措施项目，由承包人根据措施项目变更情况，提出适当的措施费变更，经发包人确认后调整。

（3）在合同履行过程中，因非承包人原因引起的工程量增减，可能使得实际工程量与招标文件中提供的工程量有偏差，该偏差对工程量清单项目的综合单价将产生影响，是否调整综合单价以及如何调整应在合同中约定。若合同未做约定，按以下原则办理。

1）当工程量清单项目工程量的变化幅度在 10% 以内时，其综合单价不做调整，执行原有综合单价。

2）当工程量清单项目工程量的变化幅度在 10% 以外时，且其影响分部分项工程费超过

0.1%时,其综合单价以及对应的措施费(如有)均应做调整。调整的方法是由承包人对增加的工程量或减少后剩余的工程量提出新的综合单价和措施项目费,经发包人确认后调整。

(四)市场价格发生的变化超过一定幅度时工程价款应予调整

施工期内,市场价格发生波动超过一定幅度时,应按合同约定调整工程价款。如合同没有约定或约定不明确的,可按以下规定执行。

(1)人工单价发生变化时,发、承包双方应按省级或行业建设主管部门或其授权的工程造价管理机构发布的人工成本文件调整工程价款。

(2)材料价格变化超过省级和行业建设主管部门或其授权的工程造价管理机构规定的幅度时应当调整,承包人应在采购材料前将采购数量和新的材料单价报发包人核对,确认用于本合同工程时,发包人应确认采购材料的数量和单价。

(五)不可抗力事件发生造成损失时,工程价款应予调整

因不可抗力事件导致的费用,发、承包双方应按以下原则分别承担并调整工程价款。

(1)工程本身的损害、因工程损害导致第三方人员伤亡和财产损失以及运至施工场地用于施工的材料和待安装的设备的损害,由发包人承担。

(2)发包人、承包人人员伤亡由其所在单位负责,并承担相应费用。

(3)承包人的施工机械设备损坏及停工损失,由承包人承担。

(4)停工期间,承包人应发包人要求留在施工场地的必要的管理人员及保卫人员的费用,由发包人承担。

(5)工程所需清理、修复费用,由发包人承担。

(六)工程价款调整因素确定后,发、承包双方应按合同约定的时间和程序提出并确认工程价款调整

工程价款调整报告应由受益方在合同约定时间内向合同的另一方提出,经双方确认后调整工程价款。受益方未在合同约定时间内提出工程价款调整报告的,视为不涉及合同价款的调整。

收到工程价款调整报告的一方应在合同约定时间内确认或提出协商意见,否则,视为工程价款调整报告已经确认。

八、竣工结算

(一)竣工结算价的概念

竣工结算价是在承包人完成施工合同约定的全部工程内容,发包人依法组织竣工验收合格后,由发、承包双方按照合同约定的工程造价条款,即合同价、合同价款调整以及索赔和现场签证等事项确定的最终工程造价。

(二)工程竣工后,发、承包双方应在合同约定时间内办理竣工结算

建设部和国家工商行政管理局制定的《建设工程施工合同(示范文本)》通用条款中对竣工结算做了详细规定:

(1)工程竣工验收报告经发包人认可后的 28 天内,承包人向发包人递交竣工结算报告及

完整的结算资料,双方按照协议书约定的合同价款及专用条款约定的合同价款调整内容,进行工程竣工结算。

(2)发包人收到承包人递交的竣工结算报告及结算资料后 28 天内进行核实,给予确认或者提出修改意见。发包人确认竣工结算报告后通知经办银行向承包人支付工程竣工结算价款。承包人收到竣工结算价款后 14 天内将竣工工程交付发包人。

(3)发包人收到竣工结算报告及结算资料后 28 天内无正当理由不支付工程竣工结算价款,从 29 天起按承包人同期向银行贷款利率支付拖欠工程价款的利息,并承担违约责任。

(4)发包人收到竣工结算报告及结算资料后 28 天内不支付工程竣工结算价款,承包人可以催告发包人支付结算价款。发包人在收到竣工结算报告及结算资料后 56 天内仍不支付的,承包人可以与发包人协议将该工程折价,也可以由承包人申请人民法院将该工程依法拍卖,承包人就该工程折价或者拍卖的价款优先受偿。

(5)工程竣工验收报告经发包人认可后 28 天内,承包人未能向发包人递交竣工结算报告及完整的结算资料,造成工程竣工结算不能正常进行或工程竣工结算价款不能及时支付,发包人要求交付工程的,承包人应当交付;发包人不要求交付工程的,承包人承担保管责任。

(6)发包人承包人对工程竣工结算价款发生争议时,按关于争议的约定处理。

在办理工程竣工结算的实际工作中,当年开工,当年竣工的项目,一般实行全部工程竣工后一次结算。跨年施工项目,应按合同约定,根据工程形象进度实行分段结算。工程实行总承包的;总包人将工程部分或专业分包给其他分包人,其工程价款的结算由总包人统一向发包按规定办理。

(三)工程竣工结算编制与核对的要求

竣工结算由承包人编制,发包人核对。实行总承包的工程,由总承包人对竣工结算的编制负总责。根据《工程造价咨询企业管理办法》(建设部令第 149 号)的规定,承、发包人均可委托具有工程造价咨询资质的工程造价咨询企业编制或核对竣工结算。

(四)工程竣工结算的依据

(1)《计价规范》。

(2)施工合同。

(3)工程竣工图纸及资料。

(4)双方确认的工程量。

(5)双方确认追加(减)的工程价款。

(6)双方确认的索赔、现场签证事项及价款。

(7)投标文件。

(8)招标文件。

(9)其他依据。

(五)竣工结算中工程量确认、综合单价和措施项目费计算

办理竣工结算时,分部分项工程费中工程量应依据发、承包双方确认的工程量计算,综合

单价应依据合同约定的单价计算。如发生了调整的,以发、承包双方确认调整后的综合单价计算。

办理竣工结算时,措施项目费应依据合同约定的项目和金额计算,如发生了调整的,以发、承包双方确认调整后的措施项目费金额计算。

(六)竣工结算中其他项目费、规费和税金的计算

其他项目费在办理竣工结算时按以下规定计算。

(1)计日工的费用应按发包人实际签证确认的数量和合同约定的相应单价计算。

(2)若暂估价中的材料是招标采购的,则其单价按中标价在综合单价中调整。当暂估价中的材料为非招标采购时,其单价按发、承包双方最终确认的单价在综合单价中调整。

若暂估价中的专业工程是招标采购的,则其金额按中标价计算。当暂估价中的专业工程为非招标采购时,其金额按发、承包双方与分包人最终确认的金额计算。

(3)总承包服务费应依据合同约定的金额计算,发、承包双方依据合同约定对总承包服务费进行了调整的,应按调整后的金额计算。

(4)索赔事件产生的费用在办理竣工结算时应在其他项目费中反映。索赔费用的金额应依据发、承包双方确认的索赔项目和金额计算。

(5)现场签证发生的费用在办理竣工结算时应在其他项目费中反映。现场签证费用金额依据发、承包双方签证确认的金额计算。

(6)合同价款中的暂列金额在用于各项价款调整、索赔与现场签证后:若有余额,则余额归发包人;若出现差额,则由发包人补足并反映在相应的工程价款中。

规费和税金的计取原则是竣工结算中应按照国家或省级、行业建设主管部门对规费和税金的计取标准计算。

(七)竣工结算编制的时间和递交的要求

承包人应在合同约定的时间内完成竣工结算编制工作,承包人向发包人提交竣工验收报告时,应一并递交竣工结算书。

承包人无正当理由在约定时间内未递交竣工结算书,造成工程结算价款延期支付的,责任由承包人承担。经发包人催促后仍未提供或没有明确答复的,发包人可以根据已有资料办理结算。

(八)竣工结算核对的要求

发包人在收到承包人递交的竣工结算书后,应按合同约定的时间核对。同一工程竣工结算核对完成,发、承包双方签字确认后,禁止发包人再次要求承包人与另一个或多个工程造价咨询人重复核对竣工结算。

竣工结算的核对是工程造价计价中发、承包双方应共同完成的重要工作。按照交易的一般原则,任何交易结束,都应做到钱、货两清,工程建设也不例外。工程施工的发、承包活动作为期货交易行为,工程竣工验收合格后,承包人将工程移交给发包人时,发、承包双方应将工程价款结算清楚,即竣工结算办理完毕。

合同中对核对竣工结算时间没有约定或约定不明的,按下表规定时间进行核对并提出核对意见,竣工结算时间如表 3-14 所示。

表 3-14　竣工结算时间

	工程竣工结算书金额	核对时间
1	500 万元以下	从接到竣工结算书之日起 20 天
2	500 万~2 000 万元	从接到竣工结算书之日起 30 天
3	2 000 万~5 000 万元	从接到竣工结算书之日起 45 天
4	5 000 万元以上	从接到竣工结算书之日起 60 天

建设项目竣工总结算在最后一个单项工程竣工结算核对确认后 15 天内汇总,送发包人后 30 天内完成核对。

合同约定或《计价规范》规定的结算核对时间含发包人委托工程造价咨询人核对的时间。

竣工结算核对完成的标志:发、承包双方签字确认。此后,禁止发包人又要求承包人与另一个或多个工程造价咨询人重复核对竣工结算。

实训工单二　工程量清单计价的编制

姓名：	学号：	日期：
班级组别：	组员：	

问题 1：列表计算带形基础、垫层及挖填土方的工程量，分部分项工程量计算表，如表 3-15 所示。

表 3-15　分部分项工程量计算表

序号	项目编码	项目名称	项目特征	计量单位	工程量	计算过程
1						
2						
3						
4						
5						
6						
7						

问题 2：计算该基础土方工程量。

（1）人工挖土方工程量计算：

（2）基础回填土工程量计算：

（3）余土运输工程量计算：

问题 3：

1. 编制该工程的部分工程量清单综合单价分析表。

（1）人工挖基础土方综合单价分析表，如表 3-16 所示。

表 3-16 人工挖基础土方综合单价分析表

项目编码				项目名称				计量单位			
清单综合单价组成明细											
定额编号	定额名称	定额单位	数量	单价/元				合价/元			
				人工费	材料费	机械费	管理费和利润	人工费	材料费	机械费	管理费和利润
人工单价			小计								
50 元/工日			未计价材料费								
清单项目综合单价/（元·m⁻³）								66.39			
材料费明细	主要材料名称、规格、型号				单位	数量		单价/元	合价/元	暂估单价/元	暂估合价/元
	其他材料费/元										
	材料费小计/元										

（2）人工回填基础土方综合单价分析表，如表 3-17 所示。

表 3-17 人工回填基础土方综合单价分析表

项目编码				项目名称				计量单位			
清单综合单价组成明细											
定额编号	定额名称	定额单位	数量	单价/元				合价/元			
				人工费	材料费	机械费	管理费和利润	人工费	材料费	机械费	管理费和利润
人工单价			小计								
50 元/工日			未计价材料费								

续表

<table>
<tr><td rowspan="4">材料费明细</td><td colspan="7">清单项目综合单价/(元·m⁻³)</td><td></td></tr>
<tr><td rowspan="2">主要材料名称、规格、型号</td><td rowspan="2">单位</td><td rowspan="2">数量</td><td>单价/元</td><td>合价/元</td><td>暂估单价/元</td><td>暂估合价/元</td></tr>
<tr><td></td><td></td><td></td><td></td></tr>
<tr><td colspan="3">其他材料费/元</td><td></td><td></td><td></td><td></td></tr>
<tr><td></td><td colspan="3">材料费小计/元</td><td></td><td></td><td></td><td></td></tr>
</table>

（3）带形基础综合单价分析表,如表 3-18 所示。

表 3-18　混凝土带形基础综合单价分析表

项目编码	010501002001		项目名称	混凝土带形基础		计量单位		m³	
清单综合单价组成明细									
定额编号	定额名称	定额单位	数量	单价/元				合价/元	

<table>
<tr><td rowspan="2">定额编号</td><td rowspan="2">定额名称</td><td rowspan="2">定额单位</td><td rowspan="2">数量</td><td colspan="4">单价/元</td><td colspan="4">合价/元</td></tr>
<tr><td>人工费</td><td>材料费</td><td>机械费</td><td>管理费和利润</td><td>人工费</td><td>材料费</td><td>机械费</td><td>管理费和利润</td></tr>
<tr><td></td><td></td><td></td><td></td><td></td><td></td><td></td><td></td><td></td><td></td><td></td><td></td></tr>
<tr><td></td><td></td><td></td><td></td><td></td><td></td><td></td><td></td><td></td><td></td><td></td><td></td></tr>
<tr><td></td><td></td><td></td><td></td><td></td><td></td><td></td><td></td><td></td><td></td><td></td><td></td></tr>
<tr><td colspan="2">人工单价</td><td colspan="2">小计</td><td colspan="8"></td></tr>
<tr><td colspan="2">50 元/工日</td><td colspan="2">未计价材料费</td><td colspan="8"></td></tr>
<tr><td colspan="12">清单项目综合单价/(元·m⁻³)</td></tr>
</table>

<table>
<tr><td rowspan="7">材料费明细</td><td rowspan="2">主要材料名称、规格、型号</td><td rowspan="2">单位</td><td rowspan="2">数量</td><td>单价/元</td><td>合价/元</td><td>暂估单价/元</td><td>暂估合价/元</td></tr>
<tr><td></td><td></td><td></td><td></td></tr>
<tr><td>32.5 水泥</td><td></td><td></td><td></td><td></td><td></td><td></td></tr>
<tr><td>砂</td><td></td><td></td><td></td><td></td><td></td><td></td></tr>
<tr><td>石子</td><td></td><td></td><td></td><td></td><td></td><td></td></tr>
<tr><td colspan="3">其他材料费/元</td><td></td><td></td><td></td><td></td></tr>
<tr><td colspan="3">材料费小计/元</td><td></td><td></td><td></td><td></td></tr>
</table>

2.编制分部分项清单综合单价汇总表,如表 3-19 所示。

表 3-19　分部分项清单综合单价汇总表

单位:元/ m³

序号	项目编码	项目名称	工作内容	综合单价组成				综合单价
				人工费	材料费	机械费	管理费和利润	
1	010101003001	挖基础土方	4 m 以内三类土、含运输					
2	010101003001	基础回填土	夯实回填					
3	010401006001	带形基础垫层	C15 混凝土厚 200 mm					
4	010401006001	带形基础	C30 混凝土					
5	010405001001	有梁板	C30 混凝土厚 120 mm					
6	010406001001	直形楼梯	C30 混凝土					
7	其他分项工程(略)							

3.编制分部分项工程量清单与计价表,如表 3-20 所示。

表 3-20　分部分项工程量清单与计价表

序号	项目编码	项目名称	项目特征	计量单位	工程量	金额/元		
						综合单价	合价	其中暂估价
1								
2								
3								
4								
5								
6								
7								
合计								

问题4:编制该工程措施项目清单计价表。

1.措施项目清单计价表(一),如表3-21所示。

2.措施项目清单计价表(二),如表3-22所示。

表3-21　措施项目清单计价表(一)

序号	项目编码	项目名称	计算基础	费率/%	金额/元
1	011707001001	安全文明施工费(含环境保护、文明施工、安全施工、临时设施)			
2	011707002001	夜间施工增加费			
3	011707004001	二次搬运			
4	011707005001	冬雨季施工			
5	011707007001	已完成工程和设备保护设施费			
	合计				

表3-22　措施项目清单计价表(二)

序号	项目编码	项目名称	项目特征	计量单位	工程量	金额/元	
						综合单价	合价
1	011702001001	基础模板	竹胶板木支撑	m³			
2	011702014001	有梁板模板	竹胶板木支撑,模板支撑高度3.4 m	m³			
3	011702024001	楼梯模板	木模板木支撑	m³			
4	011701001001	综合脚手架	钢管脚手架	m³			
5	011703001001	垂直运输机械	吊塔	m³			
	合计						

问题5:

1.编制该工程其他项目清单与计价汇总表,如表3-23所示。

表3-23　其他项目清单与计价汇总表

序号	项目名称	计量单位	金额	备注

序号	项目名称	计量单位	金额	备注
合计	元			

注：业主采购钢材暂估价计入相应清单项目综合单价，此处不汇总。

2.编制土建单位工程投标报价汇总表，如表 3-24 所示。

表 3-24　单位工程投标报价汇总表

序号	项目名称	金额/元
1	分部分项工程量清单合计	
1.1	略	
……		
2	措施项目清单合计	
2.1	措施项目(一)	
2.2	措施项目(二)	
3	其他项目清单合计	
3.1	暂列金额	
3.2	业主采购钢材	
3.3	专业工程暂估价	
3.4	计日工	
3.5	总包服务费	
4	规费[序号 1+序号 2+序号 3]×5% = 2 263 610.39×5%	
5	税金[序号 1+序号 2+序号 3+序号 4]×3.48% = 2 376 790.91×3.48%	
	合计	

 学生互评

小组之间按照统一标准,对各小组回答问题、完成任务的过程及结果进行互评。

完成任务 成绩评定表

姓名: 班级: 学号: 学习任务: 组长: 教师:

序号	考评项目	考核内容	分值	教师评分 (权重0.6)	组长评分 (权重0.2)	自我评分 (权重0.2)
1	学习态度	出勤率、听课态度、实训表现等	2			
2	学习能力	课堂回答问题、完成学生工作页情况、完成练习题情况	2			
3	操作能力	计算、实操记录、作品成果质量	3			
4	团队成绩	所在小组完成任务质量、速度情况	3			
		合计	10			
综合评价						

工作领域四 房屋建筑和装饰工程计量与计价

在我国超过100 m的摩天大楼建筑数量有2 000余座,在全世界最高的20座建筑物中有11座位于中国。超高层建筑是一个城市的象征和标志,它的背后是技术的进步和成本的增加,可见建筑越高,人工和机械的费用也在不断攀升,因此,学生必须培养"精准计量"的工匠精神,达到合理节约的目的。

Ⅰ 背景知识

定额总说明、定额费用组成说明及工程造价计价程序相关内容见二维码。

定额总说明

Ⅱ 工作任务

任务一 土石方工程计量与计价

◆ 学习目标

知识目标	土石方工程定额主要说明要点;土石方工程定额工程量计算规则;土石方工程清单工程量计算规则;土石方工程综合单价编制
能力目标	通过对本部分内容的学习能够掌握土石方工程计量与计价
思政目标	由于我国幅员辽阔,土层分布复杂,土壤类别直接影响土层的开挖方式、开挖时的周围环境、土石方工程量的计算、土石方价格的生成等,同时土石方工程量的计算,挖方—填方—余土外运工程量是环环相扣的,前一环节的粗心遗漏将导致后续环节的错误,因此,必须培养学生保护环境爱护家园的家国情怀,"精打细算"计算工程量的工匠精神,养成遵纪守法、一丝不苟的良好习惯

任务引领

根据附图的图纸信息,完成实训工单土石方工程计量与计价任务。

问题导入

1.土石方工程定额说明要点。

2.土石方工程定额工程量计算规则。

3.土石方工程清单工程量计算规则。

4.土石方工程综合单价编制。

一、土石方工程定额说明要点

土石方工程定额包括土方工程、石方工程、回填及其他工程。

土壤及岩石分类:土石方工程中,土壤按一类土、二类土、三类土和四类土分类。岩石按极软岩、软岩、较软岩、较硬岩、坚硬岩分类。

干土、湿土、淤泥的划分:干土、湿土的划分,以地质勘测资料的地下常水位为准。地下常水位以上为干土,以下为湿土。地表水排出后,土壤含水率≥25%时为湿土。含水率超过液限,土和水的混合物呈现流动状态时为淤泥。温度在0℃及以下,并夹有冰的土壤为冻土。定额中的冻土,指短时冻土和季节冻土。

沟槽、基坑、一般土石方的划分:底宽(设计图示垫层或基础的底宽,下同)≤7 m,且底长>3倍底宽为沟槽;底长≤3倍底宽,且底面积≤150 m² 为基坑;超出上述范围又非平整场地的,为一般土石方。

挖掘机(含小型挖掘机)挖土方项目,已综合了挖掘机挖土方和挖掘机挖土后,基底和边坡留厚度≤0.3 m 的人工清理和修整。使用时不得调整,人工基底清理和边坡修整不另行计算。

小型挖掘机,指斗容量≤0.30 m³ 的挖掘机,适用于基础(含垫层)底宽≤1.2 m 的沟槽土方工程或底面积≤8 m² 的基坑土方工程。

(一)土石方工程

下列土石方工程,执行相应项目时须乘以规定的系数。

(1)土方子目按干土编制。人工挖、运湿土时,相应项目人工乘以系数1.18;机械挖、运湿土时,相应项目人工、机械乘以系数1.15。采取降水措施后,人工挖、运土相应项目人工乘以系数1.09,机械挖运土不再乘以系数。

(2)人工挖一般土方、沟槽、基坑深度超过6 m时:6 m<深度≤7 m,按深度≤6 m 相应项目人工乘以系数1.25;7 m<深度≤8 m,按深度≤6 m 相应项目人工乘以系数1.25^2;依此类推。

(3)挡土板内人工挖槽时,相应项目人工乘以1.43。

(4)桩间挖土不扣除桩所占体积,相应项目人工、机械乘以系数1.50。

（5）满堂基础垫层底以下局部加深的槽坑,按槽坑相应规则计算工程量,从垫层底向下挖土按自身深度计算。执行相应项目人工、机械乘以系数 1.25;槽坑内的土方运输可另列项目计算。

（6）推土机推土,当土层平均厚度≤0.30 m 时,相应项目人工、机械乘以系数 1.25。

（7）挖掘机在垫板上作业时,相应项目人工、机械乘以 1.25。挖掘机下铺设垫板、汽车运输道路上铺设材料时,其费用另行计算。

（8）场区(含地下室顶板以上)回填,相应项目人工、机械乘以系数 0.90。

（二）土石方运输

（1）土石方运输按施工现场范围内运输编制。

（2）土石方运距,按挖土区重心至填方区(或堆放区)重心间的最短距离计算。

（3）人工、人力车、汽车的负载上坡(坡度≤15%)降效因素,已综合在相应运输项目中,不另行计算。推土机、装载机负载上坡时,其降效因素按坡道斜长乘以相应系数计算。

注释:①推土机推土运距:按挖方区重心至回填区重心之间的直线距离计算。②自卸汽车运土运距:按挖方区重心至填土区(或堆放地点)重心的最短距离计算。③运土方应按天然密实度体积计算。如运虚体积或按夯实回填体积计算时,可按土方体积折算表所列数值换算。④因场地狭小,无堆土地点或土方开挖量较大,槽、坑边堆放不下,挖出的土方是否全部运出待回填时再运回,或部分运出,应根据施工组织设计规定的数量、运距及运输工具计算。

平整场地,指建筑物所在现场厚度±300 mm 以内高低不平的部位就地挖、填及平整。挖填土方厚度超过±300 mm 时,全部厚度按一般土方相应规定计算,但仍应计算平整场地。人工平整场地示意图如图 4-1 所示。

图 4-1　人工平整场地示意图(单位:mm)

基础(地下室)周边回填混合材料(不含一般土)时,执行《河南省房屋建筑与装饰工程预算定额》中"第二章地基处理与边坡支护工程"中"一、地基处理"相应项目,人工、机械乘以系数 0.90。

土石方工程定额不包括现场障碍物清除、地下常水位以下的施工降水、土石方开挖过程中的地表水排除与边坡支护,实际发生时,另按相应规定计算。

二、土石方工程量定额计算规则

土方体积应按挖掘前的天然密实体积计算。土方回填,按回填后的竣工体积计算。不同状态的土石方体积按表 4-1 换算,土方体积折算系数如表 4-1 所示。

表 4-1　土方体积折算系数表

天然密实土体积折算系数	虚土体积折算系数	夯实土体积折算系数	松填土体积折算系数
1.00	1.30	0.87	1.08
0.77	1.00	0.67	0.83
1.15	1.50	1.00	1.25
0.92	1.20	0.80	1.00

注:天然密实土是指未经扰动的自然土(天然土);虚土是指未经填压自然堆成的土;夯实土是指按规范要求经过分层碾压、夯实的土;松填土是指挖出的自然土,自然堆放未经夯实填在槽坑中的土。

基础土石方的开挖深度,应按基础(含垫层)底标高至设计室外地坪标高确定。交付施工场地标高与设计室外地坪标高不同时,应按交付施工场地标高确定。

(一)基础工作面计算

基础施工的工作面宽度,按施工组织设计(经过批准,下同)计算;施工组织设计无规定时,按下列规定计算。

(1)当组成基础的材料不同或施工方式不同时,基础施工所需工作面宽度按表 4-2 计算。

表 4-2　基础施工所需工作面宽度计算表

基础材料	每边各增加工作面宽度/mm
砖基础	200
浆砌毛石、条石基础	250
混凝土基础垫层(支模板)	150
混凝土基础(支模板)	400
基础垂直面做砂浆防潮层	400(自防潮层面)

(2)基础施工需要搭设脚手架时,基础施工的工作面宽度,条形基础按 1.50 m 计算(只计算一面);独立基础按 0.45 m 计算(四面均计算)。

(3)基坑土方大开挖需做边坡支护时,基础施工的工作面宽度按 2.00 m 计算。

(4)基坑内各种桩施工时,基础施工的工作面宽度均按 2.00 m 计算。

(二)基础土方的放坡

土方放坡的起点深度和放坡坡度,按施工组织设计计算;施工组织设计无规定时,按表 4-3 计算。

表 4-3　土方放坡起点深度和放坡坡度表

土壤类别	放坡起点深度/m	人工挖土	机械挖土		
			基坑内作业	基坑上作业	沟槽上作业
一、二类土	超过 1.20	1 : 0.50	1 : 0.33	1 : 0.75	1 : 0.50
三类土	超过 1.50	1 : 0.33	1 : 0.25	1 : 0.67	1 : 0.33
四类土	超过 2.00	1 : 0.25	1 : 0.10	1 : 0.33	1 : 0.25

注:①沟槽、基坑中土壤类别不同时,分别按其放坡起点、放坡系数、依不同土壤厚度加权平均计算。②计算放坡时,交接处的重复工程量不予扣除,单位工程中如内墙过多、过密、交接处重复计算量过大,已超出大开口所挖土方量时,应按大开口规定计算土方工程量。

（1）有放坡地槽示意图如图 4-2 所示,其计算公式为

$$V = (a + 2c + KH)HL$$

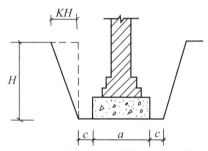

a—基础垫层宽度;c—工作面宽度;H—地槽深度;K—放坡系数;L—地槽长度

图 4-2　有放坡地槽示意图

（2）有工作面不放坡地槽示意图如图 4-3 所示,其计算公式为

$$V = (a + 2c)HL$$

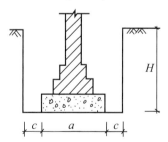

图 4-3　有工作面不放坡地槽示意图

（3）无工作面不放坡地槽示意图如图 4-4 所示,其计算公式为

$$V = aHL$$

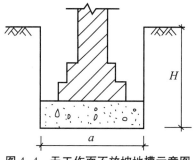

图 4-4　无工作面不放坡地槽示意图

（4）矩形不放坡地坑计算公式为

$$V = abH$$

（5）矩形放坡地坑示意图如图 4-5 所示，其计算公式为

$$V = (a + 2c + KH)(b + 2c + KH)H + \frac{1}{3}K^2H^3$$

式中：a 为基础垫层宽度；b 为基础垫层长度。

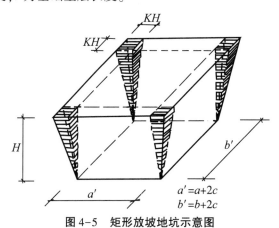

图 4-5　矩形放坡地坑示意图

基础土方放坡，自基础（含垫层）底标高算起。原槽、坑作基础垫层时，放坡自垫层上表面开始计算，示意图如图 4-6 所示。计算公式为

$$V = [a_1H_2 + (a_2 + 2c + KH_1)H_1]L$$

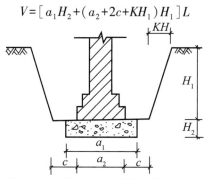

图 4-6　自垫层上表面放坡地槽示意图

混合土质的基础土方,其放坡的起点深度和放坡坡度,按不同土类厚度加权平均计算。

计算基础土方放坡时,不扣除放坡交叉处的重复工程量,示意图如图4-7所示。

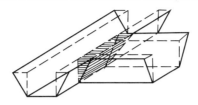

图4-7　交接处的重复工程量示意图

基础土方支挡土板时,土方放坡不另行计算,支撑挡土板地槽示意图如图4-8所示。计算公式为

$$V=(a+2c+2\times0.1)HL$$

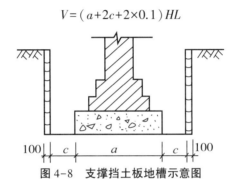

图4-8　支撑挡土板地槽示意图

爆破岩石的允许超挖量分别为:极软岩、软岩0.20 m,较软岩、较硬岩、坚硬岩0.15 m。

(三)沟槽土石方计算

沟槽土石方,按设计图示沟槽长度乘以沟槽断面面积,以体积计算。

(1)条形基础的沟槽长度,按设计规定计算;设计无规定时,按下列规定计算:①外墙沟槽,按外墙中心线长度计算,突出墙面的墙垛,按墙垛突出墙面的中心线长度,并入相应工程量内计算;②内墙沟槽、框架间墙沟槽,按基础垫层底面净长线计算,突出墙面的墙垛部分的体积并入沟槽土方工程量。

(2)管道的沟槽长度,按设计规定计算;设计无规定时,以设计图示管道垫层中心线长度(不扣除下口直径或边长≤1.5 m的井池)计算。下口直径或边长>1.5 m的井池的土石方,另按基坑的相应规定计算。

(3)沟槽的断面面积,应包括工作面宽度、放坡宽度或石方允许超挖量的面积。

一般土石方,按设计图示基础(含垫层)尺寸,另加工作面宽度、土方放坡宽度或石方允许超挖量乘以开挖深度,以体积计算。机械施工坡道的土石方工程量,并入相应工程量内计算。

挖淤泥流砂,以实际挖方体积计算。

人工挖(含爆破后挖)冻土,按设计图示尺寸,另加工作面宽度,以体积计算。

岩石爆破后人工清理基底与修整边坡,按岩石爆破的规定尺寸(含工作面宽度和允许超挖量)以面积计算。

(四)回填及其他

(1)建筑物场地厚度在±30 cm以内的挖、填土、找平,应按平整场地列项。以建筑物首层建筑面积计算。建筑物地下室结构外边线突出首层结构外边线时,其突出部分的建筑面积与首层建筑面积计算合并计算,如图4-9所示。

(2)基底钎探,以垫层(或基础)底面积计算。

(3)原土夯实与碾压,按施工组织设计规定的尺寸,以面积计算。

(4)回填,按下列规定,以体积计算。

1)沟槽、基坑回填:按挖方体积减去设计室外地坪以下建筑物、基础(含垫层)的体积计算。

2)房心(含地下室内)回填:按主墙间净面积(扣除连续底面积2 m² 以上的设备基础等面积)乘以回填厚度以体积计算。

3)场区(含地下室顶板以上)回填:按回填面积乘以平均回填厚度以体积计算。

土方运输,以天然密实体积计算。

挖土总体积减去回填土(折合天然密实体积),总体积为正,则为余土外运;总体积为负,则为取土内运。

$$余土外运体积=挖土总体积-回填土总体积$$

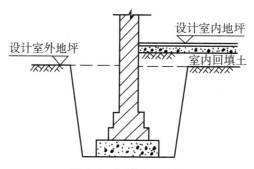

图4-9 回填土示意图

三、土石方工程量清单计量规范

(一)土方工程

1.工程量清单信息表

土方工程工程量清单信息表如表4-4所示。

表4-4 土方工程(编号:010101)

项目编码	项目名称	项目特征	计量单位	工程量计算规则	工作内容
010101001	平整场地	1.土壤类别。 2.弃土运距。 3.取土运距	m²	按设计图示尺寸以建筑物首层建筑面积计算	1.土方挖填。 2.场地找平。 3.运输

项目编码	项目名称	项目特征	计量单位	工程量计算规则	工作内容
010101002	挖一般土方		m³	按设计图示尺寸以体积计算	1.排地表水。 2.土方开挖。 3.围护(挡土板)、支撑。 4.基底钎探。 5.运输
010101003	挖沟槽土方	1.土壤类别。 2.挖土深度		1.房屋建筑按设计图示尺寸以基础垫层底面积乘以挖土深度计算。 2.构筑物按最大水平投影面积乘以挖土深度(原地面平均标高至坑底高度)以体积计算	
010101004	挖基坑土方				
010101005	冻土开挖	冻土厚度		按设计图示尺寸开挖面积乘厚度以体积计算	1.爆破。 2.开挖。 3.清理。 4.运输
010101006	挖淤泥、流砂	1.挖掘深度。 2.弃淤泥、流砂距离		按设计图示位置、界限以体积计算	1.开挖。 2.运输
010101007	管沟土方	1.土壤类别。 2.管外径。 3.挖沟深度。 4.回填要求	1.m 2.m³	1.以米计量,按设计图示以管道中心线长度计算。 2.以立方米计量,按设计图示管底垫层底面积乘以挖土深度计算;无管底垫层按管外径的水平投影面积乘以挖土深度计算。	1.排地表水。 2.土方开挖。 3.围护(挡土板)、支撑。 4.运输。 5.回填

2.清单信息解读

(1)挖土方平均厚度应按自然地面测量标高至设计地坪标高间的平均厚度确定。竖向土方、山坡切土开挖深度应按基础垫层底表面标高至交付施工现场场地标高确定,无交付施工场地标高时,应按自然地面标高确定。

(2)建筑物场地厚度≤±300 mm 的挖、填、运、找平,应按表4-4中平整场地项目编码列项。厚度>±300 mm 的竖向布置挖土或山坡切土应按本表中挖一般土方项目编码列项。

(3)沟槽、基坑、一般土方的划分为:底宽≤7 m,底长>3 倍底宽为沟槽;底长≤3 倍底宽且底面积≤150 m² 为基坑;超出上述范围则为一般土方。

(4)挖土方如需截桩头时,应按桩基工程相关项目编码列项。

(5)弃、取土运距可以不描述,但应注明由投标人根据施工现场实际情况自行考虑,决定报价。

(6)土壤的分类应按相关规定确定,当土壤类别不能准确划分时,招标人可注明为综合,由投标人根据地勘报告决定报价。

(7)土方体积应按挖掘前的天然密实体积计算。当需按天然密实体积折算时,应按系数计算。

(8)挖沟槽、基坑、一般土方因工作面和放坡增加的工程量(管沟工作面增加的工程量)是否并入各土方工程量中,按各省、自治区、直辖市或行业建设主管部门的规定实施,如并入各土方工程量中,办理工程结算时,按经发包人认可的施工组织设计规定计算;在编制工程量清单时,可按规定计算。

(9)挖方出现流砂、淤泥时,如设计未明确,在编制工程量清单时,其工程数量可为暂估量,结算时应根据实际情况由发包人与承包人双方现场签证确认工程量。

(10)管沟土方项目适用于管道(给排水、工业、电力、通信)、光(电)缆沟(包括人孔桩、接口坑)及连接井(检查井)等。

(二)回填

1.工程量清单信息表

回填工程量清单信息表如表4-5所示。

表4-5　回填(编号:010103)

项目编码	项目名称	项目特征	计量单位	工程量计算规则	工作内容
010103001	回填方	1.密实度要求。 2.填方材料品种。 3.填方粒径要求。 4.填方来源、运距	m³	按设计图示尺寸以体积计算。 1.场地回填:回填面积乘平均回填厚度。 2.室内回填:主墙间面积乘回填厚度,不扣除间隔墙。 3.基础回填:挖方体积减去自然地坪以下埋设的基础体积(包括基础垫层及其他构筑物)	1.运输。 2.回填。 3.压实
010103002	余方弃置	1.废弃料品种。 2.运距	m³	按挖方清单项目工程量减利用回填方体积(正数)计算	余方点装料运输至弃置点
010103003	缺方内运	1.填方材料品种。 2.运距		按挖方清单项目工程量减利用回填方体积(负数)计算	取料点装料运输至缺方点

2.清单信息解读

(1)填方密实度要求,在无特殊要求情况下,项目特征可描述为满足设计和规范的要求。

（2）填方材料品种可以不描述,但应注明由投标人根据设计要求验方后方可填入,并符合相关工程的质量规范要求。

（3）填方粒径要求,在无特殊要求情况下,项目特征可以不描述。

四、土石方工程典型训练

【例4.1】 某独立柱基础垫层设计为 4 000 mm×3 600 mm×200 mm,按施工组织设计四边放坡,放坡系数为 1:0.25,每边增加工作面宽度为 300 mm,基坑深度为 2.5 m。试计算该基坑开挖工程量。

解 该基坑开挖工程量,即基坑体积为

$$V = [(4+2×0.3+0.25×2.5)×(3.6+2×0.3+0.25×2.5)×2.5+0.25^2×2.5^3/3] =$$
$$5.225×4.825×2.5+0.326 = 63.35 \ m^3$$

【例4.2】 房屋基础平面图如图4-10所示,房屋基础剖面图如图4-11所示。设工作面宽度为 300 mm,放坡系数为 1:0.3,室外地坪以下埋入的各种埋件的体积为 80 m^3。试计算各项土石方工程量。

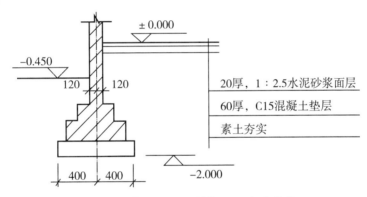

图4-10 房屋基础平面图（单位:mm;标高单位:m）

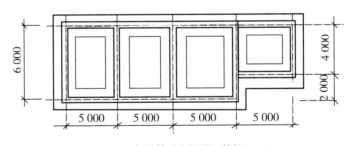

图4-11 房屋基础剖面图（单位:mm）

解 （1）平整场地工程量为

$$S_平 = (15.24+4)×(6.24+4) +5 \ m×(4.24 +4) = 238.22 \ m^2$$

或

$$S_平 = (20.24+4)×(6.24+4) -5×2 = 238.22 \ m^2$$

（2）基槽工程量为

$$外墙基槽中心线长度 = （20+6）×2 = 52 \text{ m}$$

$$内墙基槽净长度 = [6-（0.3+0.4）×2]×2+[4-（0.4+0.3）×2] = 11.8 \text{ m}$$

$$基槽横断面面积 S_槽 = [0.8+2×0.3+0.3×（2-0.45）]×（2-0.45） = 2.891 \text{ m}^2$$

因此，基槽开挖工程量，即基槽体积为

$$V_槽 = （52+11.8）×2.891 = 184.44 \text{ m}^3$$

（3）回填土工程量为

$$基础回填工程量 = 184.44-80 = 104.44 \text{ m}^3$$

$$室内净面积 = （6-0.24）×（5-0.24）×3+（5-0.24）×（4-0.24） = 100.15 \text{ m}^2$$

$$室内回填工程量 = 100.15×[0.45-（0.02+0.06）] = 37.06 \text{ m}^3$$

因此，回填土总工程量为

$$V_填 = 104.44+37.06 = 141.50 \text{ m}^3$$

（4）土方运输工程量为

$$V_运 = 184.44-141.50 = 42.94 \text{ m}^3$$

土石方工程计算示例　　回填工程量计算示例

实训工单一　土石方工程计量与计价

姓名：	学号：	日期：
班级组别：	组员：	

1.实训资料准备

《2016 河南省房屋建筑与装饰工程预算定额摘录》

单位:元

定额编号	项目	定额单位	人工费/元	材料费/元	机械费/元	管理费和利润/元
1-124	机械场地平整	100 m²	6.85		151.27	6.95
1-43	挖掘机挖一般土方 一、二类土	10 m³	21.46		24.33	5.35
1-129	原土夯实二遍 机械(垫层底面积)	100 m²	51.47		18.34	11.42
1-133	夯填土 机械 槽坑	10 m³	68.74		24.49	15.15
1-65	自卸汽车运土方 运距≤1km	10 m³	2.09		64.49	2.49

2.实训表格

分部分项工程量清单计算表

序号	项目编码	项目名称	项目特征描述	计量单位	工程量	计算过程
1	010101001001	平整场地				
2	010101003001	挖沟槽土方				
3	010103001001	回填方				
4	010103002001	余方弃置				

计价工程量计算表

序号	项目编码	项目名称	计量单位	数量	计算过程
1	1-124	机械场地平整			
2	1-43	挖掘机挖一般土方 一、二类土			
3	1-129	原土夯实二遍 机械(垫层底面积)			
4	1-133	夯填土 机械 槽坑			
5	1-65	自卸汽车运土方 运距≤1 km			

平整场地　综合单价分析表

项目编码	010101001001	项目名称	平整场地	计量单位		工程量					
清单综合单价组成明细											
定额编号	定额名称	定额单位	数量	单价/元				合价/元			
				人工费	材料费	机械费	管理费和利润	人工费	材料费	机械费	管理费和利润
1-124	机械场地平整										
人工单价		小计									
普工 87.1 元/工日		未计价材料费									
清单项目综合单价/(元·m^{-3})											

挖沟槽土方　综合单价分析表

项目编码	010101003001	项目名称	挖沟槽土方	计量单位		工程量					
清单综合单价组成明细											
定额编号	定额项目名称	定额单位	数量	单价/元				合价/元			
				人工费	材料费	机械费	管理费和利润	人工费	材料费	机械费	管理费和利润
1-43	挖掘机挖一般土方 一、二类土										
1-129	原土夯实二遍机械(垫层底面积)										
人工单价		小计									
普工 87.1 元/工日		未计价材料费									
清单项目综合单价											

回填方　综合单价分析表

项目编码	010103001001	项目名称	回填方	计量单位		工程量	

续表

<table>
<tr><td colspan="12">清单综合单价组成明细</td></tr>
<tr><td rowspan="3">定额编号</td><td rowspan="3">定额项目名称</td><td rowspan="3">定额单位</td><td rowspan="3">数量</td><td colspan="4">单价/元</td><td colspan="4">合价/元</td></tr>
<tr><td rowspan="2">人工费</td><td rowspan="2">材料费</td><td rowspan="2">机械费</td><td rowspan="2">管理费和利润</td><td rowspan="2">人工费</td><td rowspan="2">材料费</td><td rowspan="2">机械费</td><td rowspan="2">管理费和利润</td></tr>
<tr></tr>
<tr><td>1-133</td><td>夯填土、机械、槽坑</td><td></td><td></td><td></td><td></td><td></td><td></td><td></td><td></td><td></td><td></td></tr>
<tr><td colspan="2">人工单价</td><td colspan="3">小计</td><td colspan="7"></td></tr>
<tr><td colspan="2">普工 87.1 元/工日</td><td colspan="3">未计价材料费</td><td colspan="7"></td></tr>
<tr><td colspan="5">清单项目综合单价</td><td colspan="7"></td></tr>
</table>

余方弃置　综合单价分析表

<table>
<tr><td>项目编码</td><td>010103002001</td><td>项目名称</td><td>余方弃置</td><td>计量单位</td><td colspan="2">工程量</td></tr>
<tr><td colspan="12">清单综合单价组成明细</td></tr>
<tr><td rowspan="3">定额编号</td><td rowspan="3">定额项目名称</td><td rowspan="3">定额单位</td><td rowspan="3">数量</td><td colspan="4">单价/元</td><td colspan="4">合价/元</td></tr>
<tr><td rowspan="2">人工费</td><td rowspan="2">材料费</td><td rowspan="2">机械费</td><td rowspan="2">管理费和利润</td><td rowspan="2">人工费</td><td rowspan="2">材料费</td><td rowspan="2">机械费</td><td rowspan="2">管理费和利润</td></tr>
<tr></tr>
<tr><td>1-65</td><td>自卸汽车运土方 运距≤1 km</td><td></td><td></td><td></td><td></td><td></td><td></td><td></td><td></td><td></td><td></td></tr>
<tr><td colspan="2">人工单价</td><td colspan="3">小计</td><td colspan="7"></td></tr>
<tr><td colspan="2">普工 87.1 元/工日</td><td colspan="3">未计价材料费</td><td colspan="7"></td></tr>
<tr><td colspan="5">清单项目综合单价</td><td colspan="7"></td></tr>
<tr><td rowspan="4">材料费明细</td><td>主要材料名称、规格、型号</td><td colspan="2">单位</td><td>数量</td><td>单价/元</td><td>合价/元</td><td>暂估单价/元</td><td>暂估合价/元</td></tr>
<tr><td></td><td colspan="2"></td><td></td><td></td><td></td><td></td><td></td></tr>
<tr><td colspan="3">其他材料费/元</td><td></td><td></td><td></td><td></td><td></td></tr>
<tr><td colspan="3">材料费小计/元</td><td></td><td></td><td></td><td></td><td></td></tr>
</table>

 学生互评

小组之间按照统一标准,对各小组回答问题、完成任务的过程及结果进行互评。

完成任务 成绩评定表

姓名: 班级: 学号: 学习任务: 组长: 教师:

序号	考评项目	考核内容	分值	教师评分 (权重0.6)	组长评分 (权重0.2)	自我评分 (权重0.2)
1	学习态度	出勤率、听课态度、实训表现等	2			
2	学习能力	课堂回答问题、完成学生工作页情况、完成练习题情况	2			
3	操作能力	计算、实操记录、作品成果质量	3			
4	团队成绩	所在小组完成任务质量、速度情况	3			
		合计	10			
综合评价						

任务二 地基处理与边坡支护工程计量与计价

◈ 学习目标

知识目标	地基处理与边坡支护工程定额主要说明要点;地基处理与边坡支护工程定额计算规则;地基处理与边坡支护工程清单计算规则;地基处理与边坡支护工程综合单价编制
能力目标	通过对本部分内容的学习能够完成地基处理与边坡支护工程计量与计价
思政目标	地基不牢,地动山摇,不均匀沉降引起的建筑安全事故是致命的,因此要培养学生的大局意识、安全意识、质量意识,要敬畏自然、敬畏生命,严格按照国家规范进行施工、进行算量、进行计价,培养精益求精的工匠精神

◈ 任务引领

某别墅工程基底为可塑黏土(三类土),不能满足设计承载力要求,采用水泥粉煤灰碎石桩进行地基处理,桩径为 400 mm,桩体强度等级为 C20,桩数为 52 根,设计桩长为 10 m,桩端进入硬塑黏土层不少于 1.5 m,桩顶在地面以下 1.5~2 m,水泥粉煤灰碎石桩用振动沉管灌注桩施工,桩顶采用 200 mm 厚人工级配砂石(砂∶碎石＝3∶7,最大粒径 30 mm)作为褥垫层,水泥粉煤灰碎石桩详图如图 4-12 所示,某别墅水泥粉煤灰碎石桩平面图如图 4-13 所示,试完成地基处理分部分项工程计量计价。

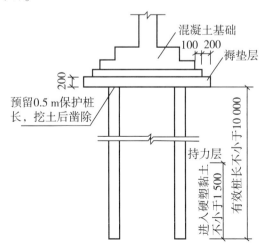

图 4-12 水泥粉煤灰碎石桩详图(单位:mm)

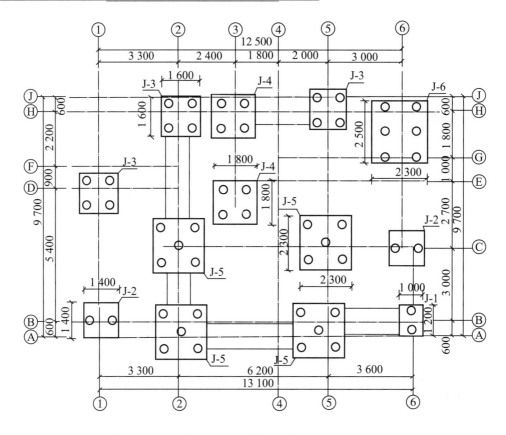

图 4-13　某别墅水泥粉煤灰碎石桩平面图(单位:mm)

问题导入

1.地基处理与边坡支护工程定额说明要点。

2.地基处理与边坡支护工程定额工程量计算规则。

3.地基处理与边坡支护工程清单工程量计算规则。

4.地基处理与边坡支护工程综合单价编制。

一、地基处理与边坡支护工程定额说明要点

地基处理与边坡支护工程定额包括地基处理和基坑支护。

（一）地基处理

1.填料加固

（1）填料加固项目适用于软弱地基挖土后的换填材料加固工程。

（2）填料加固夯填灰土就地取土时,应扣除灰土配比中的黏土。就地取土现场确需筛土的,执行"土石方工程"相应项目。

2.强夯

(1)强夯项目中每单位面积夯点数,指设计文件规定单位面积内的夯点数量,若设计文件的夯点数量与定额不同,采用内插法计算消耗量。

(2)强夯的夯击击数是指强夯机械就位后,夯锤在同一夯点上下起落的次数。

(3)强夯工程量应区别不同夯击能量和夯点密度,按设计图示夯击范围及夯击遍数分别计算。

3. 填料桩

碎石桩与砂石桩的充盈系数为1.3,损耗率为2%。实测砂石配合比及充盈系数不同时可以调整。其中灌注砂石桩除上述充盈系数和损耗率外,还包括级配密实系数1.334。

4.搅拌桩

(1)深层搅拌水泥桩项目按1喷2搅施工编制,实际施工为2喷4搅时,项目人工、机械乘以系数1.43;实际施工为2喷2搅、4喷4搅时分别按1喷2搅、2喷4搅计算。

(2)水泥搅拌桩的水泥掺入量按加固土重量(1 800 kg/m³)的13%考虑,如设计不同时,按每增减1%项目计算。

(3)深层水泥搅拌桩项目已综合了正常施工工艺需要的重复喷浆(粉)和搅拌。空搅部分按相应项目的人工及搅拌桩机台班乘以系数0.5计算。

(4)三轴水泥搅拌桩项目水泥掺入量按加固土重量(1 800 kg/m³)的18%考虑,如设计不同时,按深层水泥搅拌桩每增减1%项目计算;按2搅2喷施工工艺考虑,设计不同时,每增(减)1搅1喷按相应项目人工和机械费增(减)40%计算。空搅部分按相应项目的人工及搅拌桩机台班乘以系数0.5计算。

(5)三轴水泥搅拌桩设计要求全断面套打时,相应的人工及机械乘以系数1.5,其余项目不变。

5.注浆桩

高压旋喷桩项目已综合接头处的复喷工料;高压喷射注浆桩的水泥设计用量与定额不同时,应予以调整。

6.注浆地基

注浆地基所用的浆体材料用量应按照设计含量调整。

7.注浆管

注浆项目中注浆管消耗量为摊销量,若为一次性使用,可进行调整。废浆处理及外运执行"土石方工程"相应项目。

8.打桩工程

打桩工程按陆地打垂直桩编制。设计要求打斜桩时:斜度≤1:6时,相应项目的人工、机械乘以系数1.25;斜度>1:6时,相应项目的人工、机械乘以系数1.43。

9.桩间补桩

桩间补桩或在地槽(坑)中及强夯后的地基上打桩时,相应项目的人工、机械乘以系数1.15。

10.单独打桩

单独打试桩、锚桩,按相应项目的打桩人工及机械乘以系数1.5。

11.碎石桩、砂石桩

若单位工程的碎石桩、砂石桩的工程量≤60 m³时,其相应项目的人工、机械乘以系数1.25。

12.凿桩头

凿桩头适用于深层水泥搅拌桩、三轴水泥搅拌桩、高压旋喷水泥桩等项目。

(二)基坑支护

(1)地下连续墙未包括导墙挖土方、泥浆处理及外运、钢筋加工,实际发生时,按相应规定另行计算。

(2)钢制桩:①打拔槽钢或钢轨,按钢板桩项目,其机械乘以系数0.77,其他不变;②现场制作的型钢桩、钢板桩,其制作执行"金属结构工程"中钢柱制作相应项目;③定额内未包括型钢桩、钢板桩的制作、除锈、刷油。

(3)挡土板项目分为疏板和密板。疏板是指间隔支挡土板,且板间净空≤150 cm的情况;密板是指满堂支挡土板或板间净空≤30 cm的情况。

(4)若单位工程的钢板桩的工程量≤50 t时,其人工、机械量按相应项目乘以系数1.25计算。

(5)钢支撑仅适用于基坑开挖的大型支撑安装、拆除。

二、地基处理与边坡支护工程量定额计算规则

(一)地基处理

(1)填料加固,按设计图示尺寸以体积计算。

(2)强夯,按设计图示强夯处理范围以面积计算。设计无规定时,按建筑物外围轴线每边各加4 m计算。

(3)灰土桩、砂石桩、碎石桩、水泥粉煤灰碎石桩均按设计桩长(包括桩尖)乘以设计桩外径截面积,以体积计算。

(4)搅拌桩:①深层搅拌水泥桩、三轴水泥搅拌桩、高压旋喷水泥桩按设计桩长加50 cm乘以设计桩外径截面积,以体积计算;②三轴水泥搅拌桩中的插、拔型钢工程量按设计图示型钢,以质量计算。

(5)高压喷射水泥桩成孔按设计图示尺寸以桩长计算。

(6)分层注浆钻孔数量按设计图示以钻孔深度计算。注浆数量按设计图纸注明加固土体的体积计算。

(7)压密注浆钻孔数量按设计图示以钻孔深度计算。注浆数量按下列规定计算。

1)设计图纸明确加固土体体积的,按设计图纸注明的体积计算。

2)设计图纸以布点形式图示土体加固范围的,则按两孔间距的一半作为扩散半径,以布点边线各加扩散半径,形成计算平面,计算注浆体积。

3)如果设计图纸注浆点在钻孔灌注桩之间,按两注浆孔的一半作为每孔的扩散半径,依此

圆柱体积计算注浆体积。

（8）凿桩头按凿桩长度乘以桩断面，以体积计算。

（二）基坑支护

（1）地下连续墙。

1）现浇导墙混凝土按设计图示以体积计算。现浇导墙混凝土模板按混凝土与模板接触面的面积，以面积计算。

2）成槽工程量按设计长度乘以墙厚及成槽深度（设计室外地坪至连续墙底），以体积计算。

3）锁口管以"段"为单位（段指槽壁单元槽段），锁口管吊拔按连续墙段数计算，定额中已包括锁口管的摊销费用。

4）清底置换以"段"为单位（段指槽壁单元槽段）。

5）浇筑连续墙混凝土工程量按设计长度乘以墙厚及墙深加 0.5 m，以体积计算。

6）凿地下连续墙超灌混凝土，设计无规定时，其工程量按墙体断面面积乘以 0.5 m，以体积计算。

（2）钢板桩。打拔钢板桩按设计桩体以质量计算。安、拆导向夹具按设计图示尺寸以长度计算。

（3）砂浆土钉、砂浆锚杆的钻孔、灌浆，按设计文件或施工组织设计规定（设计图示尺寸）以钻孔深度、长度计算。喷射混凝土护坡区分土层与岩层，按设计文件（或施工组织设计）规定尺寸，以面积计算。钢筋、钢管锚杆按设计图示以质量计算。锚头制作、安装、张拉、锁定按设计图示以"套"计算。

（4）挡土板按设计文件（或施工组织设计）规定的支挡范围，以面积计算。

（5）钢支撑按设计图示尺寸以质量计算，不扣除孔眼质量，焊条、铆钉、螺栓等，也不另增加质量。

三、地基处理与边坡支护工程量清单计量规范

（一）地基处理

1.工程量清单信息表

地基处理工程量清单信息表如表4-6所示。

表 4-6　地基处理（编号:010201）

项目编码	项目名称	项目特征	计量单位	工程量计算规则	工作内容
010201001	换填垫层	1.材料种类及配比。 2.压实系数。 3.掺加剂品种	m³	按设计图示尺寸以体积计算	1.分层铺填。 2.碾压、振密或夯实。 3.材料运输

续表

项目编码	项目名称	项目特征	计量单位	工程量计算规则	工作内容
010201002	铺设土工合成材料	1.部位。 2.品种。 3.规格	m^2	按设计图示尺寸以体积计算	1.挖填锚固沟。 2.铺设。 3.固定。 4.运输
010201003	预压地基	1.排水竖井种类、断面尺寸、排列方式、间距、深度。 2.预压方法。 3.预压荷载、时间。 4.砂垫层厚度	m^2	按设计图示尺寸以面积计算	1.设置排水竖井、盲沟、滤水管。 2.铺设砂垫层、密封膜。 3.堆载、卸载或抽气设备安拆、抽真空。 4.材料运输
010201004	强夯地基	1.夯击能量。 2.夯击遍数。 3.地耐力要求。 4.夯填材料种类	m^2	按设计图示尺寸以加固面积计算	1.铺设夯填材。料 2.强夯。 3.夯填材料运输
010201005	振冲密实（不填料）	1.地层情况。 2.振密深度。 3.孔距	m^2	按设计图示尺寸以加固面积计算	1.振冲加密。 2.泥浆运输
010201006	振冲桩（填料）	1.地层情况。 2.空桩长度、桩长。 3.桩径。 4.填充材料种类	1.m 2.m^3	1.以“m”计量，按设计图示尺寸以桩长计算。 2.以“m^3”计量，按设计桩截面乘以桩长以体积计算	1.振冲成孔、填料、振实。 2.材料运输。 3.泥浆运输
010201007	砂石桩	1.地层情况。 2.空桩长度、桩长。 3.桩径。 4.成孔方法。 5.材料种类、级配	1.m 2.m^3	1.以“m”计量，按设计图示尺寸以桩长（包括桩尖）计算。 2.以“m^3”计量，按设计桩截面乘以桩长（包括桩尖）以体积计算	1.成孔。 2.填充、振实。 3.材料运输

项目编码	项目名称	项目特征	计量单位	工程量计算规则	工作内容
010201008	水泥粉煤灰碎石桩	1.地层情况。 2.空桩长度、桩长。 3.桩径。 4.成孔方法。 5.混合料强度等级	m	按设计图示尺寸以桩长(包括桩尖)计算	1.成孔。 2.混合料制作、灌注、养护
010201009	深层搅拌桩	1.地层情况。 2.空桩长度、桩长。 3.桩截面尺寸。 4.水泥强度等级、掺量		按设计图示尺寸以桩长计算	1.预搅下钻、水泥浆制作、喷浆搅拌提升成桩。 2.材料运输
010201010	粉喷桩	1.地层情况。 2.空桩长度、桩长。 3.桩径。 4.粉体种类、掺量。 5.水泥强度等级、石灰粉要求		按设计图示尺寸以桩长计算	1.预搅下钻、喷粉搅拌提升成桩。 2.材料运输
010201011	夯实水泥土桩	1.地层情况。 2.空桩长度、桩长。 3.桩径。 4.成孔方法。 5.水泥强度等级。 6.混合料配比	m	按设计图示尺寸以桩长(包括桩尖)计算	1.成孔、夯底。 2.水泥土拌合、填料、夯实。 3.材料运输
010201012	高压喷射注浆桩	1.地层情况。 2.空桩长度、桩长。 3.桩截面。 4.注浆类型、方法。 5.水泥强度等级		按设计图示尺寸以桩长计算	1.成孔。 2.水泥浆制作、高压喷射注浆。 3.材料运输
010201013	石灰桩	1.地层情况。 2.空桩长度、桩长。 3.桩径。 4.成孔方法。 5.掺和料种类、配合比		按设计图示尺寸以桩长(包括桩尖)计算	1.成孔。 2.混合料制作、运输、夯填

续表

项目编码	项目名称	项目特征	计量单位	工程量计算规则	工作内容
010201014	灰土(土)挤密桩	1.地层情况。 2.空桩长度、桩长。 3.桩径。 4.成孔方法。 5.灰土级配	m	按设计图示尺寸以桩长(包括桩尖)计算	1.成孔。 2.灰土拌和、运输、填充、夯实
10201015	柱锤冲扩桩	1.地层情况。 2.空桩长度、桩长。 3.桩径。 4.成孔方法。 5.桩体材料种类、配合比		按设计图示尺寸以桩长计算	1.安拔套管。 2.冲孔、填料、夯实。 3.桩体材料制作、运输
010201016	注浆地基	1.地层情况。 2.空钻深度、注浆深度。 3.注浆间距。 4.浆液种类及配比。 5.注浆方法。 6.水泥强度等级	1.m 2.m³	1.以"m"计量,按设计图示尺寸以钻孔深度计算。 2.以"m³"计量,按设计图示尺寸以加固体积计算	1.成孔。 2.注浆导管制作、安装。 3.浆液制作、压浆。 4.材料运输
10201017	褥垫层	1.厚度。 2.材料品种及比例	1.m² 2.m³	1.以"m²"计量,按设计图示尺寸以铺设面积计算。 2.以"m³"计量,按设计图示尺寸以体积计算	材料拌合、运输、铺设、压实

2.清单信息解读

(1)地层情况按相应规定,并根据岩土工程勘察报告按单位工程各地层所占比例(包括范围值)进行描述。对无法准确描述的地层情况,可注明由投标人根据岩土工程勘察报告自行决定报价。

(2)项目特征中的桩长应包括桩尖,空桩长度=孔深-桩长,孔深为自然地面至设计桩底的深度。

(3)高压喷射注浆类型包括旋喷、摆喷、定喷,高压喷射注浆方法包括单管法、双重管法、三重管法。

(4)复合地基的检测费用按国家相关取费标准单独计算,不在本清单项目中。

（5）如采用泥浆护壁成孔，工作内容包括土方、废泥浆外运，如采用沉管灌注成孔，工作内容包括桩尖制作、安装。

（二）基坑与边坡支护

1.工程量清单信息表

基坑与边坡支护工程量清单信息表如表4-7所示。

表4-7　基坑与边坡支护（编码：010202）

项目编码	项目名称	项目特征	计量单位	工程量计算规则	工作内容
010202001	地下连续墙	1.地层情况。 2.导墙类型、截面。 3.墙体厚度。 4.成槽深度。 5.混凝土类别、强度等级。 6.接头形式	m³	按设计图示墙中心线长乘以厚度乘以槽深以体积计算	1.导墙挖填、制作、安装、拆除。 2.挖土成槽、固壁、清底置换。 3.混凝土制作、运输、灌注、养护。 4.接头处理。 5.土方、废泥浆外运。 6.打桩场地硬化及泥浆池、泥浆沟
010202002	咬合灌注桩	1.地层情况。 2.桩长。 3.桩径。 4.混凝土类别、强度等级。 5.部位	1.m 2.根	1.以"m"计量，按设计图示尺寸以桩长计算。 2.以"根"计量，按设计图示数量计算	1.成孔、固壁。 2.混凝土制作、运输、灌注、养护。 3.套管压拔。 4.土方、废泥浆外运。 5.打桩场地硬化及泥浆池、泥浆沟
010202003	圆木桩	1.地层情况。 2.桩长。 3.材质。 4.尾径。 5.桩倾斜度	1.m 2.根	1.以"m"计量，按设计图示尺寸以桩长（包括桩尖）计算。 2.以"根"计量，按设计图示数量计算	1.工作平台搭拆。 2.桩机竖拆、移位。 3.桩靴安装。 4.沉桩
010202004	预制钢筋混凝土板桩	1.地层情况。 2.送桩深度、桩长。 3.桩截面。 4.混凝土强度等级			1.工作平台搭拆。 2.桩机竖拆、移位。 3.沉桩。 4.接桩

项目编码	项目名称	项目特征	计量单位	工程量计算规则	工作内容
010202005	型钢桩	1.地层情况或部位。 2.送桩深度、桩长。 3.规格型号。 4.桩倾斜度。 5.防护材料种类。 6.是否拔出	1.t 2.根	1.以"t"计量，按设计图示尺寸以质量计算。 2.以"根"计量，按设计图示数量计算	1.工作平台搭拆。 2.桩机竖拆、移位。 3.打（拔）桩。 4.接桩。 5.刷防护材料
010202006	钢板桩	1.地层情况。 2.桩长。 3.板桩厚度	1.t 2.m²	1.以"t"计量，按设计图示尺寸以质量计算。 2.以"m²"计量，按设计图示墙中心线长乘以桩长以面积计算	1.工作平台搭拆。 2.桩机竖拆、移位。 3.打拔钢板桩
010202007	预应力锚杆、锚索	1.地层情况。 2.锚杆（索）类型、部位。 3.钻孔深度。 4.钻孔直径。 5.杆体材料品种、规格、数量。 6.浆液种类、强度等级	1.m 2.根	1.以"m"计量，按设计图示尺寸以钻孔深度计算。 2.以"根"计量，按设计图示数量计算	1.钻孔、浆液制作、运输、压浆。 2.锚杆、锚索索制作、安装。 3.张拉锚固。 4.锚杆、锚索施工平台搭设、拆除
010202008	其他锚杆、土钉	1.地层情况。 2.钻孔深度。 3.钻孔直径。 4.置入方法。 5.杆体材料品种、规格、数量。 6.浆液种类、强度等级			1.钻孔、浆液制作、运输、压浆。 2.锚杆、土钉制作、安装。 3.锚杆、土钉施工平台搭设、拆除
010202009	喷射混凝土、水泥砂浆	1.部位。 2.厚度。 3.材料种类。 4.混凝土（砂浆）类别、强度等级	m²	按设计图示尺寸以面积计算	1.修整边坡。 2.混凝土（砂浆）制作、运输、喷射、养护。 3.钻排水孔、安装排水管。 4.喷射施工平台搭设、拆除

项目编码	项目名称	项目特征	计量单位	工程量计算规则	工作内容
010202010	混凝土支撑	1.部位。 2.混凝土强度等级	m³	按设计图示尺寸以体积计算	1.模板(支架或支撑)制作、安装、拆除、堆放、运输及清理模内杂物、刷隔离剂等。 2.混凝土制作、运输、浇筑、振捣、养护
010202011	钢支撑	1.部位。 2.钢材品种、规格。 3.探伤要求	t	按设计图示尺寸以质量计算。不扣除孔眼质量,焊条、铆钉、螺栓等不另增加质量	1.支撑、铁件制作(摊销、租赁)。 2.支撑、铁件安装。 3.探伤。 4.刷漆。 5.拆除。 6.运输

2.清单信息解读

(1)地层情况按相应规定,并根据岩土工程勘察报告按单位工程各地层所占比例(包括范围值)进行描述。对无法准确描述的地层情况,可注明由投标人根据岩土工程勘察报告自行决定报价。

(2)土钉置入方法包括钻孔置入、打入或射入等。

(3)混凝土种类指清水混凝土、彩色混凝土等,如在同一地区既使用预拌(商品)混凝土,又允许现场搅拌混凝土时,也应注明。

(4)地下连续墙和喷射混凝土(砂浆)的钢筋网、咬合灌注桩的钢筋笼制作、安装,按相关项目编码列项。本分部未列的基坑与边坡支护的排桩,应按相关项目编码列项。水泥土墙、坑内加固按相关项目编码列项。砖、石挡土墙、护坡按相关项目编码列项。混凝土挡土墙按相关项目编码列项。弃土(不含泥浆)清理、运输按相关项目编码列项。

四、地基处理与边坡支护工程典型训练

【例4.3】　某建筑物基础平面图及详图如图4-14～图4-16所示,地面做法:20 mm厚1∶2.5的水泥砂浆,100 mm厚C15的素混凝土垫层,素土夯实。基础为M5.0的水泥砂浆砌筑标准黏土砖。按《2016河南省房屋建筑与装饰工程预算定额》计算垫层工程量。

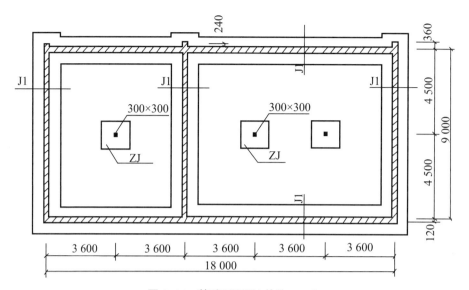

图 4-14 基础平面图(单位:mm)

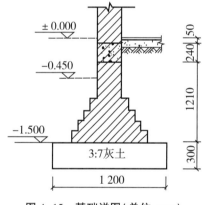

图 4-15 基础详图(单位:mm)

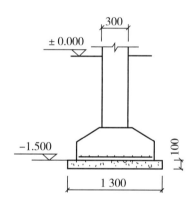

图 4-16 桩基础详图(单位:mm)

解

(1)地面垫层工程量=(18-0.24×2)×(9-0.24)×0.1=15.35 m³

(2)独立基础垫层工程量=1.3×1.3×0.1×3=0.51 m³

(3)条形基础3:7灰土垫层:

灰土垫层工程量=1.2×0.3×[(9+3.6×5)×2+0.24×3]+1.2×0.3×(9-1.2)=22.51 m³

实训工单二　地基处理与边坡支护工程计量与计价

姓名：		学号：		日期：	
班级组别：		组员：			

1.实训资料准备

《2016 河南省房屋建筑与装饰工程预算定额》摘录

单位:元

定额编号	项目	单位	人工费	材料费	机械费	管理费和利润
4-75	垫层 砂石 人工级配	10 m³	681.27	808.22	6.12	210.94
2-49	水泥粉煤灰碎石桩沉管成孔(桩径≤400 mm)	m/根	2 119.43	2 405.19	1 438.1	1 046.63
3-45	截(凿)桩头	m/根	1 733.34	—	215.61	823.47

2.实训表格

分部分项工程量清单计算表

序号	项目编码	项目名称	项目特征描述	计量单位	工程量	计算过程
1	010201008001	水泥粉煤灰碎石桩				
2	010201017001	褥垫层				
3	010301004001	截(凿)桩头				

注:根据规范规定,可塑黏土和硬塑黏土为三类土。

计价工程量计算表

序号	项目编码	项目名称	计量单位	数量	计算过程
1	4-75	垫层 砂石 人工级配			
2	2-49	水泥粉煤灰碎石桩沉管成孔(桩径≤400 mm)			
3	3-45	截(凿)桩头			

水泥粉煤灰碎石桩 综合单价分析表

项目编码		项目名称		计量单位		工程量	
清单综合单价组成明细							
定额编号	定额名称	定额单位	数量	单价/元				合价/元			

定额编号	定额名称	定额单位	数量	人工费	材料费	机械费	管理费和利润	人工费	材料费	机械费	管理费和利润
人工单价			小计								
普工 87.1 元/工日			未计价材料费								
清单项目综合单价/(元·m⁻³)											

褥垫层 综合单价分析表

项目编码		项目名称		计量单位		工程量	
清单综合单价组成明细							

定额编号	定额项目名称	定额单位	数量	人工费	材料费	机械费	管理费和利润	人工费	材料费	机械费	管理费和利润
人工单价			小计								
			未计价材料费								
清单项目综合单价											

截(凿)桩头 综合单价分析表

项目编码		项目名称		计量单位		工程量	
清单综合单价组成明细							

定额编号	定额项目名称	定额单位	数量	人工费	材料费	机械费	管理费和利润	人工费	材料费	机械费	管理费和利润

人工单价			小计						
			未计价材料费						
		清单项目综合单价							
材料费明细	主要材料名称、规格、型号		单位	数量	单价/元	合价/元	暂估单价/元	暂估合价/元	
	其他材料费/元								
	材料费小计/元								

学生互评

小组之间按照统一标准,对各小组回答问题、完成任务的过程及结果进行互评。

完成任务　成绩评定表

姓名:　　　班级:　　　学号:　　　学习任务:　　　组长:　　　教师:

序号	考评项目	考核内容	分值	教师评分（权重0.6）	组长评分（权重0.2）	自我评分（权重0.2）
1	学习态度	出勤率、听课态度、实训表现等	2			
2	学习能力	课堂回答问题、完成学生工作页情况、完成练习题情况	2			
3	操作能力	计算、实操记录、作品成果质量	3			
4	团队成绩	所在小组完成任务质量、速度情况	3			
	合计		10			
综合评价						

任务三　桩基工程计量与计价

学习目标

知识目标	桩基工程定额主要说明要点;桩基工程定额计算规则;桩基工程清单计算规则;桩基工程综合单价编制
能力目标	通过对本部分内容的学习能够完成桩基工程计量与计价
思政目标	随着房屋建筑越建越高,基础埋置越来越深,桩基础等深基础广泛应用,如何正确选择很重要,因此,从成本的角度来讲,能够正确地选择桩基础类型和打桩机械,利用消耗量定额精准进行桩基础造价计算,坚守标准权威,提高资金效率,养成精益求精的作风尤为重要

任务引领

某工程采用排桩进行基坑支护,排桩采用泥浆护壁,旋挖钻孔施工,泥浆运输距离 5 km。场地地面标高为 495.50 m,旋挖桩桩径为 1 000 mm,桩长为 20 m,采用水下商品混凝土 C30,桩顶标高为 493.50 m,桩数为 206 根(每桩钢筋 10 根),超灌高度不少于 1 m。试完成分部分项工程计量计价。

问题导入

1.桩基工程定额说明要点。

2.桩基工程定额工程量计算规则。

3.桩基工程清单工程量计算规则。

4.桩基工程综合单价编制。

一、桩基工程定额说明要点

(1)桩基工程定额包括打桩和灌注桩。

(2)桩基工程定额适用于陆地上的桩基工程,所列打桩机械的规格、型号是按常规施工工艺和方法综合取定,施工场地的土质级别也进行了综合取定。

(3)桩基施工前场地平整、压实地表、地下障碍处理等定额均未考虑,发生时另行计算。

(4)探桩位已综合考虑在各类桩基定额内,不另行计算。

（5）单位工程的桩基工程量少于对应数量时（预制钢筋混凝土方桩少于 200 m^3；钻孔、旋挖成孔灌注桩少于 150 m^3；预应力钢筋混凝土管桩少于 1 000 m；沉管、冲孔成孔灌注桩少于 100 m^3；钢管桩少于 50 t），相应项目人工、机械乘以系数 1.25。

（6）打桩：

1）单独打试桩、锚桩，按相应定额的打桩人工及机械乘以系数 1.5。

2）打桩工程按陆地打垂直桩编制。设计要求打斜桩时：斜度≤1∶6，相应项目人工、机械乘以系数 1.25；斜度>1∶6，相应项目人工、机械乘以系数 1.43。

3）打桩工程以平地（坡度≤15°）打桩为准，坡度>15°打桩时，按相应项目人工、机械乘以系数 1.15。如在基坑内（基坑深度>1.5 m，基坑面积≤500 m^2）打桩或在地坪上打坑槽内（坑槽深度>1 m）桩时，按相应项目人工、机械乘以系数 1.11。

4）在桩间补桩或在强夯后的地基上打桩时，相应项目人工、机械乘以系数 1.15。

5）打桩工程，如遇送桩时，可按打桩相应项目人工、机械乘以表 4-8 中的系数。

表 4-8　送桩深度系数表

送桩深度	系数
≤2 m	1.25
≤4 m	1.43
>4 m	1.67

6）打、压预制钢筋混凝土桩、预应力钢筋混凝土管桩，定额按购入成品构件考虑；已包含桩位半径在 15 m 范围内的移动、起吊、就位；超过 15 m 时的场内运输，按本定额"混凝土及钢筋混凝土工程" 构件运输 1 km 以内的相应项目计算。

7）定额内未包括预应力钢筋混凝土管桩钢桩尖制安项目，实际发生时按"混凝土及钢筋混凝土工程"中的预埋件项目执行。

8）预应力钢筋混凝土管桩桩头灌芯部分按人工挖孔桩灌桩芯项目执行。

（7）灌注桩：

1）钻孔、冲孔、旋挖成孔等灌注桩设计要求进入岩石层时执行入岩子目，入岩指钻入中风化的坚硬岩。

2）旋挖成孔、冲孔桩机带冲抓锤成孔灌注项目按湿作业成孔考虑，如采用干作业成孔工艺时，扣除定额项目中的黏土、水和机械中的泥浆泵。

3）定额各种灌注桩的材料用量中，均已包括充盈系数和材料损耗。

4）人工挖孔桩土（石）方子目中，已综合考虑了孔内照明、通风。人工挖孔桩，桩内垂直运输方式按人工考虑：深度超过 16 m 时，相应定额乘以系数 1.2 计算；深度超过 20 m 时，相应定额乘以系数 1.5 计算。

5）人工清桩孔石渣子目，适用于岩石被松动后的挖除和清理。

6)桩孔空钻部分回填应根据施工组织设计要求套用相应定额,填土按"土石方工程"松填土方项目计算,填碎石按"地基处理与边坡支护工程"碎石垫层项目乘以系数0.7计算。

7)旋挖桩、人工挖孔桩、螺旋桩等干作业成孔桩的土石方场内、场外运输,执行"土石方工程"相应的土石方装车、运输项目。

8)定额内未包括泥浆池制作,实际发生时按"砌筑工程"的相应项目执行。

9)定额内未包括泥浆场外运输,实际发生时执行"土石方工程"泥浆罐车运淤泥流砂相应项目。

10)定额内未包括桩钢筋笼、铁件制安项目,实际发生时按"混凝土及钢筋混凝土工程"中的相应项目执行。

11)定额内未包括沉管灌注桩的预制桩尖制安项目,实际发生时按"混凝土及钢筋混凝土工程"中的小型构件项目执行。

12)灌注桩后压浆注浆管、声测管埋设,注浆管、声测管如遇材质、规格不同时,可以换算,其余不变。

13)注浆管埋设定额按桩底注浆考虑,如设计采用侧向注浆,则人工、机械乘以系数1.2。

二、桩基工程量定额计算规则

(一)打桩

1.预制钢筋混凝土方桩

打、压预制钢筋混凝土方桩按设计桩长(包括桩尖)乘以桩截面面积,以体积计算。

2.预应力钢筋混凝土管桩

(1)打、压预应力钢筋混凝土管桩按设计桩长(不包括桩尖),以长度计算。

(2)预应力钢筋混凝土管桩钢桩尖按设计图示尺寸,以质量计算。

(3)预应力钢筋混凝土管桩,如设计要求加注填充材料时,填充部分另按本章钢管桩填芯相应项目执行。

(4)桩头灌芯按设计尺寸以灌注体积计算。

3.钢管桩

(1)钢管桩按设计要求的桩体质量计算。

(2)钢管桩内切割、精割盖帽按设计要求的数量计算。

(3)钢管桩管内钻孔取土、填芯,按设计桩长(包括桩尖)乘以填芯截面积,以体积计算。

4.送桩

打桩工程的送桩均按设计桩顶标高至打桩前的自然地坪标高另加0.5 m计算相应的送桩工程量。

5.预制混凝土桩、钢管桩电焊接桩

预制混凝土桩、钢管桩电焊接桩,按设计要求接桩头的数量计算。

6.截桩

预制混凝土桩截桩按设计要求截桩的数量计算。截桩长度≤1 m时,不扣减相应桩的打桩

工程量;截桩长度>1 m时,其超过部分按实扣减打桩工程量,但桩体的价格不扣除。

·7.凿桩头

预制混凝土桩凿桩头按设计图示截面积乘以桩头长度,以体积计算。凿桩头长度设计无规定时:桩头长度按桩体高 40d(d 为桩体主筋直径,主筋直径不同时取大者)计算;灌注混凝土桩凿桩头按设计超灌高度(设计有规定的按设计要求,设计无规定的按 0.5 m)乘以桩身设计截面积,以体积计算。

8.桩头钢筋

桩头钢筋整理,按所整理的桩的数量计算。

(二)灌注桩

(1)钻孔桩、旋挖桩成孔工程量按打桩前自然地坪标高至设计桩底标高的成孔长度乘以设计桩径截面积,以体积计算。入岩增加项目工程量按实际入岩深度乘以设计桩径截面积,按体积计算。

(2)冲孔桩基冲击(抓)锤冲孔工程量分别按进入土层、岩石层的成孔长度乘以设计桩径截面积,以体积计算。

(3)钻孔桩、旋挖桩、冲孔桩灌注混凝土工程量按设计桩径截面积乘以设计桩长(包括桩尖)另加加灌长度,以体积计算。加灌长度设计有规定者,按设计要求计算;无规定者,按 0.5 m计算。

(4)沉管成孔工程量按打桩前自然地坪标高至设计桩底标高(不包括预制桩尖)的成孔长度乘以钢管外径截面积,以体积计算。

(5)沉管桩灌注混凝土工程量钢管外径截面积乘以设计桩长(不包括预制桩尖)另加加灌长度,以体积计算。加灌长度设计有规定者,按设计要求计算;无规定者,按 0.5 m 计算。

(6)人工挖孔桩挖孔工程量分别按进入土层、岩石层的成孔长度乘以设计护壁外围截面积,以体积计算。

(7)人工挖孔桩模板工程量,按现浇混凝土护壁与模板的实际接触面积计算。

(8)人工挖孔桩灌注混凝土护壁和桩芯工程量分别按设计图示截面积乘以设计桩长另加加灌长度,以体积计算。加灌长度设计有规定者,按设计要求计算;无规定者,按 0.25 m计算。

(9)钻(冲)孔灌注桩、人工挖孔桩,设计要求扩底时,其扩底工程量按设计尺寸,以体积计算,并入相应工程量内。

(10)泥浆运输按成孔工程量,以体积计算。

(11)桩孔回填工程量按打桩前自然地坪标高至桩加灌长度的顶面乘以桩孔截面积,以体积计算。

(12)钻孔压浆桩工程量按设计桩长,以长度计算。

(13)注浆管、声测管埋设工程量按打桩前的自然地坪标高至设计桩底标高另加 0.5 m,以长度计算。

(14)桩底(侧)后压浆工程量按设计注入水泥用量,以质量计算。如水泥用量差别大,允许换算。

三、桩基工程量清单计量规范

(一)打桩

1.工程量清单信息表

打桩工程量清单信息表如表4-9所示。

表4-9 打桩(编号:010301)

项目编码	项目名称	项目特征	计量单位	工程量计算规则	工作内容
010301001	预制钢筋混凝土方桩	1.地层情况。 2.送桩深度、桩长。 3.桩截面。 4.桩倾斜度。 5.混凝土强度等级	1.m 2.根	1.以"m"计量,按设计图示尺寸以桩长(包括桩尖)计算。 2.以"根"计量,按设计图示数量计算	1.工作平台搭拆。 2.桩机竖拆、移位。 3.沉桩。 4.接桩。 5.送桩
010301002	预制钢筋混凝土管桩	1.地层情况。 2.送桩深度、桩长。 3.桩外径、壁厚。 4.桩倾斜度。 5.混凝土强度等级。 6.填充材料种类。 7.防护材料种类			1.工作平台搭拆。 2.桩机竖拆、移位。 3.沉桩。 4.接桩。 5.送桩。 6.填充材料、刷防护材料
010301003	钢管桩	1.地层情况。 2.送桩深度、桩长。 3.材质。 4.管径、壁厚。 5.桩倾斜度。 6.填充材料种类。 7.防护材料种类	1.t 2.根	1.以"t"计量,按设计图示尺寸以质量计算。 2.以"根"计量,按设计图示数量计算	1.工作平台搭拆。 2.桩机竖拆、移位。 3.沉桩。 4.接桩。 5.送桩。 6.切割钢管、精割盖帽。 7.管内取土。 8.填充材料、刷防护材料
010301004	截(凿)桩头	1.桩头截面、高度。 2.混凝土强度等级。 3.有无钢筋	1.m³ 2.根	1.以"m³"计量,按设计桩截面乘以桩头长度以体积计算。 2.以"根"计量,按设计图示数量计算	1.截桩头。 2.凿平。 3.废料外运

2.清单信息解读

(1)地层情况按相应规定,并根据岩土工程勘察报告按单位工程各地层所占比例(包括范围值)进行描述。对无法准确描述的地层情况,可注明由投标人根据岩土工程勘察报告自行决定报价。

(2)项目特征中的桩截面、混凝土强度等级、桩类型等可直接用标准图代号或设计桩型进行描述。

(3)打桩项目包括成品桩购置费,如果用现场预制桩,应包括现场预制的所有费用。

(4)打试验桩和打斜桩应按相应项目编码单独列项,并应在项目特征中注明试验桩或斜桩(斜率)。

(5)桩基础的承载力检测、桩身完整性检测等费用按国家相关取费标准单独计算,不在本清单项目中。

(二)灌注桩

1.工程量清单信息表

灌注桩工程量清单信息表如表4-10所示。

表4-10　灌注桩(编号:010302)

项目编码	项目名称	项目特征	计量单位	工程量计算规则	工作内容
010302001	泥浆护壁成孔灌注桩	1.地层情况。 2.空桩长度、桩长。 3.桩径。 4.成孔方法。 5.护筒类型、长度。 6.混凝土类别、强度等级	1.m 2.m³ 3.根	1.以"m"计量,按设计图示尺寸以桩长(包括桩尖)计算。 2 以"m³"计量,按不同截面在桩上范围内以体积计算。 3.以以"根"计量,按设计图示数量计算	1.护筒埋设。 2.成孔、固壁。 3.混凝土制作、运输、灌注、养护。 4.土方、废泥浆外运。 5.打桩场地硬化及泥浆池、泥浆沟
010302002	沉管灌注桩	1.地层情况。 2.空桩长度、桩长。 3.复打长度。 4.桩径。 5.沉管方法。 6.桩尖类型。 7.混凝土类别、强度等级			1.打(沉)拔钢管。 2.桩尖制作、安装。 3.混凝土制作、运输、灌注、养护
010302003	干作业成孔灌注桩	1.地层情况。 2.空桩长度、桩长。 3.桩径。 4.扩孔直径、高度。 5.成孔方法。 6.混凝土类别、强度等级			1.成孔、扩孔。 2.混凝土制作、运输、灌注、振捣、养护

续表

项目编码	项目名称	项目特征	计量单位	工程量计算规则	工作内容
010302004	挖孔桩土(石)方	1.土(石)类别。 2.挖孔深度。 3.弃土(石)运距	m³	按设计图示尺寸截面积乘以挖孔深度以"m³"计算	1.排地表水。 2.挖土、凿石。 3.基底钎探。 4.运输
010302005	人工挖孔灌注桩	1.桩芯长度。 2.桩芯直径、扩底直径、扩底高度。 3.护壁厚度、高度。 4.护壁混凝土类别、强度等级。 5.桩芯混凝土类别、强度等级	1.m³ 2.根	1.以"m³"计量,按桩芯混凝土体积计算。 2.以"根"计量,按设计图示数量计算	1.护壁制作。 2.混凝土制作、运输、灌注、振捣、养护
010302006	钻孔压浆桩	1.地层情况。 2.空钻长度、桩长。 3.钻孔直径。 4.水泥强度等级	1.m 2.根	1.以"m"计量,按设计图示尺寸以桩长计算。 2.以"根"计量,按设计图示数量计算	钻孔、下注浆管、投放骨料、浆液制作、运输、压浆
010302007	桩底注浆	1.注浆导管材料、规格。 2.注浆导管长度。 3.单孔注浆量。 4.水泥强度等级	孔	按设计图示以注浆孔数计算	1.注浆导管制作、安装。 2.浆液制作、运输、压浆

2.清单信息解读

(1)地层情况按相应的规定,并根据岩土工程勘察报告按单位工程各地层所占比例(包括范围值)进行描述。对无法准确描述的地层情况,可注明由投标人根据岩土工程勘察报告自行决定报价。

(2)项目特征中的桩长应包括桩尖,空桩长度=孔深-桩长,孔深为自然地面至设计桩底的深度。

(3)项目特征中的桩截面(桩径)、混凝土强度等级、桩类型等可直接用标准图代号或设计桩型进行描述。

(4)泥浆护壁成孔灌注桩是指在泥浆护壁条件下成孔,采用水下灌注混凝土的桩。其成孔方法包括冲击钻成孔、冲抓锥成孔、回旋钻成孔、潜水钻成孔、泥浆护壁的旋挖成孔等。

(5)沉管灌注桩的沉管方法包括锤击沉管法、振动沉管法、振动冲击沉管法、内夯沉管法等。

(6)干作业成孔灌注桩是指不用泥浆护壁和套管护壁的情况下,用钻机成孔后,下钢筋笼,灌注混凝土的桩,适用于地下水位以上的土层使用。其成孔方法包括螺旋钻成孔、螺旋钻成孔扩底、干作业的旋挖成孔等。

（7）桩基础的承载力检测、桩身完整性检测等费用按国家相关取费标准单独计算，不在本清单项目中。

（8）混凝土灌注桩的钢筋笼制作、安装，按相关项目编码列项。

四、桩基工程典型计价训练

【例4.4】 已知某工程采用桩基础，土壤级别为一级。桩基和承台的混凝土均为C30，桩基纵向钢筋为HRB335，螺旋箍筋和加强箍筋均为HPB235，纵向钢筋锚入承台为31d，螺旋箍筋搭接长度25d，135°弯钩钩住主筋（弯钩直线段10d），加强箍筋搭接焊5d。工程施工时，自室外地坪（标高为−0.45 m）钻孔，采用泥浆护壁，回旋钻机成孔。泥浆运距为8 km。护筒采用6 mm厚A3钢板制成，护筒直径大于设计桩径100 mm，埋置深度1 500 mm。桩基大样图如图4-17所示。（不考虑泥浆池工程量）计算图示灌注桩（共10根桩）相关项目工程量。

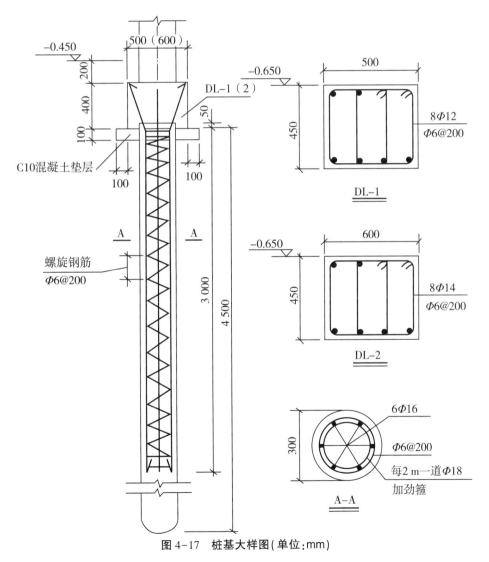

图4-17 桩基大样图（单位:mm）

解

(1)回旋钻机成孔工程量:

$$V_{成孔} = 实钻孔长度 \times 设计桩截面面积 = (0.2+0.4+4.5) \times (3.14 \times 0.15^2) \times 10 = 3.60 \text{ m}^3$$

(2)泥浆运输工程量:

$$V_{泥浆} = V_{成孔} = 3.60 \text{ m}^3$$

(3)钢护筒埋设工程量:

$$G = 3.14 \times (0.3+0.1) \times 1.5 \times 0.006 \times 7.85 \times 10 = 0.887 \text{ t}$$

说明:钢板的密度 7.85 t/m³。

(4)混凝土灌注工程量:

$$V_{混凝土} = \left[设计桩长(包括桩尖,不扣除桩尖虚体积) + 超灌长度 \right] \times 设计桩断面面积$$

$$= (4.5+0.05+0.25) \times (3.14 \times 0.15^2) \times 10 = 3.39 \text{ m}^3$$

说明:超灌长度设计有规定的,按设计规定;设计无规定的,按 0.25 m 计算。

(5)凿桩头工程量:

$$V_{凿桩头} = 剔除截断长度 \times 桩截面面积$$

$$= 0.25 \times (3.14 \times 0.15^2) \times 10 = 0.18 \text{ m}^3$$

钢筋笼工程量:

1)竖向 $\phi 16$ 钢筋长度为

$$L_{竖} = (31d+3) \times 6 \times 10 = (31 \times 0.016 + 3) \times 6 \times 10 = 210 \text{ m}$$

2)加强箍筋 $\phi 18$ 钢筋长度为

$$L_{强} = \left[\pi \times (D-2C-2d_1-d) \right] \times 根数$$

$$= \left[3.14 \times (0.3 - 2 \times 0.05 - 2 \times 0.016 - 0.018) \right] \times (3/2+1) \times 10 = 0.471 \times 3 \times 10$$

$$= 14.13 \text{ m}$$

3)螺旋箍筋 $\phi 6$ 钢筋长度为

$$L_{旋} = (H-3b) \times \sqrt{1+\left[\frac{\pi(D-2C+d)}{b}\right]^2} + 2 \times 1.5\pi(D-2C+d) + 2 \times 6.9d$$

$$= (3-3\times0.2) \times \sqrt{1+\left[\frac{\pi(0.3-2\times0.05+0.006)}{0.2}\right]^2} + 2 \times 1.5 \times \pi(0.3-2\times0.05+0.006) + 2 \times 6.9 \times 0.006$$

$$= 2.4 \times 3.39 + 1.94 + 0.08$$

$$= 10.16 \text{ m}$$

$$L_{旋总} = 10.16 \times 10 = 101.6 \text{ m}$$

4)钢筋统计表,如表 4-11 所示。

表 4-11　钢筋统计表

序号	钢筋规格	每米质量/(kg·m^{-1})	长度/m	质量/kg
1	HPB235,$\phi 6$	0.222	101.6	23

序号	钢筋规格	每米质量/(kg·m⁻¹)	长度/m	质量/kg
2	HRB335,φ16	1.58	210	332
3	HPB235,φ18	2.00	14.13	28
4	总计	383	—	—

(6)工程预算表(工料单价),如表4-12所示。

表4-12　工程预算表(工料单价)

单位:元

序号	定额编号	项目名称	定额单位	定额基价	工程量	合价	其中	
							人工	机械
1	A2-133	回旋钻机成孔,桩直径800 mm以内(孔探20 m以内)一级土	10 m³	1 798.7	0.36	647.54	177.84	423.14
2	A2-209	泥浆运输运距在5 km以内	10 m³	1 684.26	0.36	606.33	105.26	501.07
3	A2-210	泥浆运输每增加1 km	10 m³	120.47	1.08	130.11	0.00	130.11
4	A2-208	钢护筒(埋设)	t	1 151.17	0.887	1 021.09	571.23	50.71
5	A2-206 换	灌注混凝土(造浆成孔)[水下砼(中砂砾石)C30-40]	10 m³	2 968.70	0.339	1 006.38	193.09	56.72
6	A2-217	凿桩头(混凝土桩)	10 m³	1 314.60	0.018	23.66	23.66	0.00
7	A2-222	灌注桩辅助项目,钢筋笼制作	t	5 492.90	0.383	2 103.78	107.21	31.87
8	A2-226	钢筋笼安装(钢筋笼长15 m以内)	t	261.20	0.383	100.04	38.28	49.76
9	合计	—		—	—	5 638.93	1 216.57	1 243.38

实训工单三　桩基工程计量与计价

姓名：	学号：		日期：
班级组别：	组员：		

1.实训资料准备

《2016 河南省房屋建筑与装饰工程预算定额摘录》

单位:元

定额编号	项目	单位	人工费	材料费	机械费	管理费和利润	材料
3-45	截(凿)桩头	10 m³	1 733.34	—	215.61	823.47	—
3-46	桩头钢筋整理(10 根)	10 根	59.16	—	—	28.27	—
3-53	旋挖钻机钻桩孔 (桩径)≤1 000 mm	10 m³	683.58	179.46	2 061.88	466.77	—
3-84	灌注混凝土-旋挖钻孔	10 m³	183.17	3 299.90	—	87.22	预拌水下混凝 土 C30(12.625)

2.实训表格

分部分项工程量清单计算表

序号	项目编码	项目名称	项目特征描述	计量单位	工程量	计算过程
1	010302001001	泥浆护壁成孔灌注桩				
2	010301004001	截(凿)桩头				

计价工程量计算表

序号	项目编码	项目名称	计量单位	数量	计算过程
1	3-45	截(凿)桩头	10 m³		
2	3-46	桩头钢筋整理(10 根)	(10 根)		
3	3-53	旋挖钻机钻桩孔(桩径)≤1 000 mm	10 m³		
4	3-84	灌注混凝土-旋挖钻孔	10 m³		

泥浆护壁成孔灌注桩　综合单价分析表

项目编码		项目名称		计量单位		工程量	
清单综合单价组成明细							

定额编号	定额名称	定额单位	数量	单价/元				合价/元			
				人工费	材料费	机械费	管理费和利润	人工费	材料费	机械费	管理费和利润
人工单价			小计								
普工 87.1 元/工日			未计价材料费								
清单项目综合单价/(元·m⁻³)											

截(凿)桩头　综合单价分析表

项目编码		项目名称		计量单位		工程量	
清单综合单价组成明细							

定额编号	定额项目名称	定额单位	数量	单价/元				合价/元			
				人工费	材料费	机械费	管理费和利润	人工费	材料费	机械费	管理费和利润
人工单价			小计								
			未计价材料费								
清单项目综合单价											

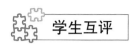 学生互评

小组之间按照统一标准,对各小组回答问题、完成任务的过程及结果进行互评。

完成任务 成绩评定表

姓名: 班级: 学号: 学习任务: 组长 教师:

序号	考评项目	考核内容	分值	教师评分 (权重 0.6)	组长评分 (权重 0.2)	自我评分 (权重 0.2)
1	学习态度	出勤率、听课态度、实训表现等	2			
2	学习能力	课堂回答问题、完成学生工作页情况、完成练习题情况	2			
3	操作能力	计算、实操记录、作品成果质量	3			
4	团队成绩	所在小组完成任务质量、速度情况	3			
		合计	10			
综合评价						

任务四 砌筑工程计量与计价

⊕ **学习目标**

知识目标	砌筑工程定额主要说明要点;砌筑工程定额计算规则;砌筑工程清单计算规则;砌筑工程综合单价编制
能力目标	通过对本部分内容的学习能够完成砌筑工程计量与计价
思政目标	由于砌筑材料种类繁多,砂浆标号又有若干等级,如果施工与算量环节出现偏差,就可能影响建筑物的建造质量和工程造价。砖材的材料和工艺是随着工业化而逐步发展的,全面禁止生产使用黏土实心砖,是基于环境保护的目的,也是因为科技和工业化发展产生了可替代产品。培养学生要树立环保意识、工业化意识、科技意识

⊕ **任务引领**

根据附图的图纸信息,完成实训工单砌筑工程计量与计价任务。

⊕ **问题导入**

1.砌筑工程说明要点。

2.砌筑工程计算规则。

一、砌筑工程定额说明要点

砌筑工程定额包括砖砌体、砌块砌体、轻质隔墙、石砌体和垫层。

(一)砖砌体、砌块砌体、石砌体

(1)定额中砖、砌块和石料按标准或常用规格编制,设计规格与定额不同时,砌体材料和砌筑(黏结)材料用量应做调整、换算。砌筑砂浆按干混预拌砂浆编制。定额所列砌筑砂浆种类和强度等级、砌块专用砌筑黏结剂品种,如设计与定额不同时,应做调整、换算。

(2)定额中的墙体砌筑层高是按 3.6 m 编制的,若超过 3.6 m,则其超过部分工程量的定额人工乘以系数 1.3。

(3)基础与墙(柱)身的划分。

1)基础与墙(柱)身使用同一种材料时,以设计室内地面为界(有地下室者,以地下室室内设计地面为界),以下为基础,以上为墙(柱)身。

2)基础与墙(柱)身使用不同材料时,位于设计室内地面高度≤±300 mm 时,以不同材料为分界线,高度>±300 mm 时,以设计室内地面为分界线。

3)砖砌地沟不分墙基和墙身,按不同材质合并工程量套用相应项目。

4)围墙以设计室外地坪为界,以下为基础,以上为墙身。

(4)石基础、石勒脚、石墙的划分。基础与勒脚应以设计室外地坪为界,勒脚与墙身应以设计室内地面为界。石围墙内、外地坪标高不同时,应以较低地坪标高为界,以下为基础;内、外标高之差为挡土墙时,挡土墙以上为墙身。

(5)砖基础不分砌筑宽度及有无大放脚,均执行对应品种及规格砖的同一项目。地下混凝土构件所用砖膜及砖砌挡土墙套用砖基础项目。

(6)砖砌体和砌块砌体不分内、外墙,均执行对应品种的砖和砌块项目,其中:

1)定额中均已包括立门窗框的调直以及腰线、窗台线、挑檐等一般出线用工。

2)清水砖砌体均包括原浆勾缝用工,设计需加浆勾缝时,应另行计算。

3)轻集料混凝土小型空心砌块墙的门窗洞口等镶砌的同类实心砖部分已包含在定额内,不单独另行计算。

(7)填充墙以填炉渣、炉渣混凝土为准,如设计与定额不同时应作换算,其他设计不变。

(8)加气混凝土类砌块墙项目已包括砌块零星切割改锯的损耗及费用。

(9)零星砌体系指台阶、台阶挡墙、梯带、锅台、炉灶、蹲台、池槽、池槽腿、花台、花池、楼梯栏板、阳台栏板、地垄墙、≤0.3 m² 的孔洞填塞、凸出屋面的烟囱、屋面伸缩缝砌体、隔热板砖墩等。

(10)贴砌砖项目适用于地下室外墙保护墙部位的贴砌砖;框架外表面的镶贴砖部分,套用零星砌体项目。

(11)多孔砖、空心砖及砌块砌筑有防水、防潮要求的墙体时,若以普通(实心)砖作为导墙砌筑的,导墙与上部墙身主体需分别计算,导墙部分套用零星砌体项目。

(12)围墙套用墙相关定额项目,双面清水围墙按相应单面清水墙项目,人工用量乘以系数1.15 计算。

(13)石砌体定额中的粗、细料石(砌体)墙按 400 mm×220 mm×200 mm 规格编制。

(14)毛料石护坡高度超过 4 m 时,定额人工乘以系数 1.15。

(15)定额中各类砖、砌块及石砌体的砌筑均按直形砌筑编制,如为圆弧形砌筑,按相应定额人工用量乘以系数 1.10,砖、砌块及石砌体及砂浆(黏结剂)用量乘以系数 1.03 计算。

(16)砖砌体钢筋加固,砌体内加筋、灌注混凝土、墙体拉结筋的制作、安装,以及墙基、墙身的防潮、防水、抹灰等按本定额其他相关章节的定额及规定执行。

(二)垫层

(1)人工级配砂石是按中(粗)砂15%(不含填充石子空隙)、砾石85%(含填充砂)的级配比例编制的。

(2)本任务垫层适用于除混凝土垫层以外的其他垫层。

二、砌筑工程量定额计算规则

(一)砖砌体、砌块砌体

(1)砖基础工程量按设计图示尺寸以体积计算。

附墙垛基础宽出部分体积按折加长度合并计算,扣除地梁(圈梁)、构造柱所占体积,不扣除基础大放脚T形接头处的重叠部分及嵌入基础内的钢筋、铁件、管道、基础砂浆防潮层和单个面积≤0.3 m²的孔洞所占体积,靠墙暖气沟的挑檐不增加。基础大放脚T形接头示意图如图4-18所示,砖基础大放脚折算面积按表4-13、表4-14计算。

表4-13 等高式黏土标准砖墙基大放脚折算为墙高和断面积表

大放脚层数	折算为高度/m						折算为断面积 /m²
	1/2 砖 (0.115)	1 砖 (0.240)	1.5 砖 (0.365)	2 砖 (0.490)	2.5 砖 (0.615)	3 砖 (0.740)	
一	0.137	0.066	0.043	0.032	0.026	0.021	0.015 75
二	0.411	0.197	0.129	0.096	0.077	0.064	0.047 25
三	0.822	0.394	0.256	0.193	0.154	0.128	0.094 50
四	1.369	0.656	0.432	0.321	0.256	0.213	0.157 50
五	2.054	0.984	0.647	0.432	0.384	0.319	0.236 30
六	2.876	1.378	0.906	0.675	0.538	0.447	0.330 80

注:①本表折算墙基高度均以标准砖双面放脚为准。每层大放脚高为两皮砖,每层放出1/4砖(单面)。
②折算高度(m)=大放脚断面积(m²)/墙厚(m)。

表4-14 不等高式黏土标准砖墙基大放脚折算为墙高和断面积表

大放脚层数	折算为高度/m						折算为断面积 /m²
	1/2 砖 (0.115)	1 砖 (0.240)	1.5 砖 (0.365)	2 砖 (0.490)	2.5 砖 (0.615)	3 砖 (0.740)	
一(一低)	0.069	0.033	0.022	0.016	0.013	0.011	0.007 88
二(一高一低)	0.342	0.164	0.108	0.080	0.064	0.053	0.039 38
三(二高一低)	0.685	0.328	0.216	0.161	0.128	0.106	0.078 75
四(二高二低)	1.096	0.525	0.345	0.257	0.205	0.170	0.126 00
五(三高二低)	1.643	0.788	0.518	0.386	0.307	0.255	0.189 00
六(三高三低)	2.260	1.083	0.712	0.530	0.423	0.351	0.259 90

注:大放脚层数中"高"是两皮砖,"低"是一皮砖,每层放出为1/4砖。

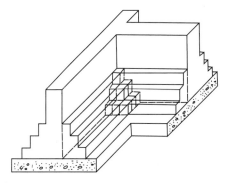

图 4-18　基础大放脚 T 形接头示意图

基础长度:外墙按外墙中心线长度计算,内墙按内墙净长线计算。

砖基础一般采用大放脚形式,通常有等高式和不等高式两种。等高大放脚砖基础如图 4-19 所示,不等高大放脚砖基础如图 4-20 所示。

$$外墙基础体积=外墙中心线长度×基础断面积-应扣除项目的体积$$

$$内墙基础体积=内墙基础净长×基础断面积-应扣除项目的体积$$

$$基础体积=外墙基础体积+内墙基础体积$$

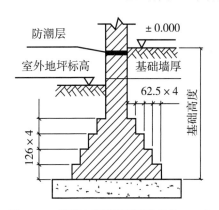

图 4-19　等高大放脚砖基础(单位:mm)

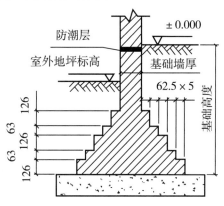

图 4-20　不等高大放脚砖基础(单位:mm)

注意以下问题。

基础断面积=基础墙宽度×设计高度+增加断面面积=基础墙宽度×(设计高度+折加高度)

基础与墙(柱)身的划分如下。

1)砖基础与砖墙(柱)划分应以设计室内地坪为界(有地下室的按地下室室内设计地坪为界),以下为基础,以上为墙(柱)身。基础与墙身使用不同材料时,位于设计室内地坪±300 mm 以内时以不同材料为界,超过±300 mm,应以设计室内地坪为界,以下为基础,以上为墙身。基础与墙身的划分如图 4-21 所示。

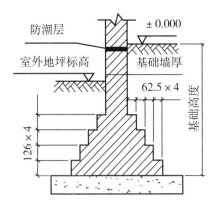

图 4-21　基础与墙身的划分（单位:mm）

2）砖烟囱应以设计室外地坪为界,以下为基础,以上为筒身。砖烟道与炉体的划分应以第一道闸门为界。

3）水塔基础与塔身划分应以砖砌体的扩大部分顶面为界,以上为筒身,以下为基础。

4）石基础与石勒脚应以设计室外地坪为界,以下为基础;石勒脚与石墙身应以设计室内地坪为界。石围墙内外地坪标高不同时,应以较低地坪标高为界,以下为基础;内、外标高之差为挡土墙时,挡土墙以上为墙身。

（2）砖墙、砌块墙按设计图示尺寸以体积计算。

扣除门窗、洞口、嵌入墙内的钢筋混凝土柱、梁、圈梁、挑梁、过梁及凹进墙内的壁龛、管槽、暖气槽、消火栓箱所占体积,不扣除梁头、板头、檩头、垫木、木楞头、沿缘木、木砖、门窗走头、砖墙内加固钢筋、木筋、铁件、钢管及单个面积≤0.3 m^2 的孔洞所占的体积。凸出墙面的腰线、挑檐、压顶、窗台线、虎头砖、门窗套的体积亦不增加。凸出墙面的砖垛并入墙体体积内计算。

墙长度:外墙按中心线、内墙按净长线计算。

墙高度:按墙所处的不同位置分别计算。

1）外墙:斜（坡）屋面无檐口天棚者算至屋面板底;有屋架且室内外均有天棚者算至屋架下弦底另加 200 mm;无天棚者算至屋架下弦底另加 300 mm,出檐宽度超过 600 mm 时按实砌高度计算;有钢筋混凝土楼板隔层者算至板顶,平屋面算至钢筋混凝土板底。

2）内墙:位于屋架下弦者,算至屋架下弦底;无屋架者算至天棚底另加 100 mm;有钢筋混凝土楼板隔层者算至楼板顶;有框架梁时算至梁底。

3）女儿墙:从屋面板上表面算至女儿墙顶面（如有混凝土压顶时算至压顶下表面）。

4）内、外山墙:按其平均高度计算。

5）框架间墙:不分内外墙按墙体净尺寸以体积计算。

6）围墙:高度算至压顶上表面（如有混凝土压顶时算至压顶下表面）,围墙柱并入围墙体积内。

墙厚度如下。

1）标准砖以 240 mm×115 mm×53 mm 为准,其砌体厚度按表 4-15 计算。

表 4-15　标准砖砌体计算厚度表

砖数/厚度	1/4	1/2	3/4	1	1.5	2	2.5	3
计算厚度/mm	53	115	180	240	365	490	615	740

2) 使用非标准砖时,其砌体厚度应按砖实际规格和设计厚度计算;如设计厚度与实际规格不同时,按实际规格计算。

(3) 空斗墙按设计图示尺寸以空斗墙外形体积计算。

1) 墙角、内外墙交接处、门窗洞口立边、窗台砖、屋檐处的实砌部分体积并入空斗墙体积内。

2) 空斗墙的窗间墙、窗台下、楼板下、梁头下等的实砌部分应另行计算,套用零星砌体项目。

(4) 空花墙按设计图示尺寸以空花部分外形体积计算,不扣除空花部分体积。

(5) 填充墙按设计图示尺寸以填充墙外形体积计算。

(6) 砖柱按设计图示尺寸以体积计算,扣除混凝土及钢筋混凝土梁垫、梁头、板头所占体积。黏土标准砖砖柱基大放脚折算体积按表 4-16、表 4-17 计算。

表 4-16　黏土标准砖柱基大放脚折算体积表

矩形砖柱两边之和/砖数	大放脚层数(等高)				
	二	三	四	五	六
3	0.044 3	0.096 5	0.174 0	0.280 7	0.420 6
3.5	0.050 2	0.108 4	0.193 7	0.310 3	0.461 9
4	0.056 2	0.120 3	0.213 4	0.339 8	0.503 3
4.5	0.062 1	0.132 0	0.233 1	0.369 3	0.544 6
5	0.068 1	0.143 8	0.252 8	0.398 9	0.586 0
5.5	0.073 9	0.155 6	0.272 5	0.428 4	0.627 3
6	0.079 8	0.167 4	0.292 2	0.457 9	0.668 7
6.5	0.085 6	0.179 2	0.311 9	0.487 5	0.715 0
7	0.091 6	0.191 1	0.331 5	0.517 0	0.751 3
7.5	0.097 5	0.202 9	0.351 2	0.546 5	0.792 7
8	0.103 4	0.214 7	0.370 9	0.576 1	0.834 0

表 4-17　黏土标准砖柱基大放脚折算体积表

矩形砖柱两边之和/砖数	大放脚层数（等高）				
	二	三	四	五	六
3	0.037 6	0.081 1	0.141 2	0.226 6	0.334 5
3.5	0.044 6	0.090 9	0.156 9	0.250 2	0.366 9
4	0.047 5	0.100 8	0.172 7	0.273 8	0.399 4
4.5	0.052 4	0.110 7	0.188 5	0.297 5	0.431 9
5	0.057 3	0.120 5	0.204 2	0.321 0	0.464 4
5.5	0.062 2	0.130 3	0.219 9	0.345 0	0.496 8
6	0.067 1	0.140 2	0.235 7	0.368 3	0.529 3
6.5	0.072 1	0.150 0	0.251 5	0.391 9	0.561 9
7	0.077 0	0.159 9	0.267 2	0.412 3	0.594 3
7.5	0.082 0	0.169 7	0.282 9	0.439 2	0.626 7
8	0.086 8	0.179 5	0.298 7	0.462 8	0.659 2

注：大放脚每层砖皮数及每层放出砖数与墙大放脚同。表内体积为整个砖柱大放脚的体积。

（7）零星砌体、地沟、砖碹按设计图示尺寸以体积计算。

（8）砖散水、地坪按设计图示尺寸以面积计算。

（9）砌体设置导墙时，砖砌导墙需单独计算，厚度与长度按墙身主体，高度以实际砌筑高度计算，墙身主体的高度相应扣除。

（10）附墙烟囱、通风道、垃圾道应按设计图示尺寸以体积（扣除孔洞所占体积）计算并入所依附的墙体体积内。当设计规定孔洞内需抹灰时，另按"墙、柱面装饰与隔断、幕墙工程"相应项目计算。

（11）轻质砌块 L 形专用连接件的工程量按设计数量计算。

（12）轻质隔墙按设计图示尺寸以面积计算。

（二）石砌体

石基础、石墙的工程量计算规则参照砖砌体相应规定。

石勒脚、石挡土墙、石护坡、石台阶按设计图示尺寸以体积计算，石坡道按设计图示尺寸以水平投影面积计算，墙面勾缝按设计图示尺寸以面积计算。

（三）垫层

垫层工程量按设计图示尺寸以体积计算。

三、砌筑工程量清单计量规范

(一)砖砌体

1.工程量清单信息表

砖砌体工程量清单信息表如表 4-18 所示。

砌筑工程清单计量规范

表 4-18　砖砌体(编号:010401)

项目编码	项目名称	项目特征	计量单位	工程量计算规则	工作内容
010401001	砖基础	1.砖品种、规格、强度等级。 2.基础类型。 3.砂浆强度等级。 4.防潮层材料种类	m³	按设计图示尺寸以体积计算。 包括附墙垛基础宽出部分体积,扣除地梁(圈梁)、构造柱所占体积,不扣除基础大放脚 T 形接头处的重叠部分及嵌入基础内的钢筋、铁件、管道、基础砂浆防潮层和单个面积 ≤ 0.3 m² 的孔洞所占体积,靠墙暖气沟的挑檐不增加。 基础长度:外墙按外墙中心线,内墙按内墙净长线计算	1.砂浆制作、运输。 2.砌砖。 3.防潮层铺设。 4.材料运输
010401002	砖砌挖孔桩护壁	1.砖品种、规格、强度等级。 2.砂浆强度等级		按设计图示尺寸以"m³"计算	1.砂浆制作。 2.运输。 3.砌砖。 4.材料运输
010401003	实心砖墙	1.砖品种、规格、强度等级。 2.墙体类型。 3.砂浆强度等级、配合比	m³	按设计图示尺寸以体积计算。 扣除门窗洞口、过人洞、空圈、嵌入墙内的钢筋混凝土柱、梁、圈梁、挑梁、过梁及凹进墙内的壁龛、管槽、暖气槽、消火栓箱所占体积,不扣除梁头、板头、檩头、垫木、木楞头、沿缘木、木砖、门窗走头、砖墙内加固钢筋、木筋、铁件、钢管及单个面积 ≤ 0.3 m² 的孔洞所占的体积。凸出墙面的腰线、挑檐、压顶、窗台线、虎头砖、门窗套的体积亦不增加。凸出墙面的砖垛并入墙体体积内计算。 1.墙长度:外墙按中心线、内墙按净长计算。	1.砂浆制作、运输。 2.砌砖。 3.刮缝。 4.砖压顶砌筑。 5.材料运输

项目编码	项目名称	项目特征	计量单位	工程量计算规则	工作内容
010401004	多孔砖墙		m³	2.墙高度： （1）外墙：斜（坡）屋面无檐口天棚者算至屋面板底；有屋架且室内、外均有天棚者算至屋架下弦底另加 200 mm；无天棚者算至屋架下弦底另加 300 mm，出檐宽度超过 600 mm 时按实砌高度计算；与钢筋混凝土楼板隔层算至板顶。平屋顶算至钢筋混凝土板底。 （2）内墙：位于屋架下弦者，算至屋架下弦底；无屋架者算至天棚底另加 100 mm；有钢筋混凝土楼板隔层者算至楼板顶；有框架梁时算至梁底。 （3）女儿墙：从屋面板上表面算至女儿墙顶面（如有混凝土压顶时算至压顶下表面）。 （4）内、外山墙：按其平均高度计算。 3.框架间墙：不分内、外墙按墙体净尺寸以体积计算。 4.围墙：高度算至压顶上表面（如有混凝土压顶时算至压顶下表面），围墙柱并入围墙体积内	1.砂浆制作、运输。 2.砌砖。 3.刮缝。 4.砖压顶砌筑。 5.材料运输
010401005	空心砖墙	1.砖品种、规格、强度等级。 2.墙体类型。 3.砂浆强度等级、配合比			
010401006	空斗墙	1.砖品种、规格、强度等级。 2.墙体类型。 3.砂浆强度等级、配合比	m³	按设计图示尺寸以空斗墙外形体积计算。墙角、内外墙交接处、门窗洞口立边、窗台砖、屋檐处的实砌部分体积并入空斗墙体积内	1.砂浆制作、运输。 2.砌砖。 3.装填充料。 4.刮缝。 5.材料运输
010401007	空花墙			按设计图示尺寸以空花部分外形体积计算，不扣除空洞部分体积	
010404008	填充墙			按设计图示尺寸以填充墙外形体积计算	
010401009	实心砖柱	1.砖品种、规格、强度等级。 2.柱类型。 3.砂浆强度等级、配合比		按设计图示尺寸以体积计算。扣除混凝土及钢筋混凝土梁垫、梁头所占体积	1.砂浆制作、运输。 2.砌砖。 3.刮缝。 4.材料运输
010404010	多孔砖柱				

项目编码	项目名称	项目特征	计量单位	工程量计算规则	工作内容
010404011	砖检查井	1.井截面。 2.垫层材料种类、厚度。 3.底板厚度。 4.井盖安装。 5.混凝土强度等级。 6.砂浆强度等级。 7.防潮层材料种类	座	按设计图示数量计算	1.土方挖、运。 2.砂浆制作、运输。 3.铺设垫层。 4.底板混凝土制作、运输、浇筑、振捣、养护。 5.砌砖。 6.刮缝。 7.井池底、壁抹灰。 8.抹防潮层。 9.回填。 10.材料运输
010404013	零星砌砖	1.零星砌砖名称、部位。 2.砂浆强度等级、配合比	1.m^3 2.m^2 3.m 4.个	1.以"m^3"计量,按设计图示尺寸截面积乘以长度计算。 2.以"m^2"计量,按设计图示尺寸水平投影面积计算。 3.以"m"计量,按设计图示尺寸长度计算。 4.以"个"计量,按设计图示数量计算	1.砂浆制作、运输。 2.砌砖。 3.刮缝。 4.材料运输
010404014	砖散水、地坪	1.砖品种、规格、强度等级。 2.垫层材料种类、厚度。 3.散水、地坪厚度。 4.面层种类、厚度。 5.砂浆强度等级	m^2	按设计图示尺寸以面积计算	1.土方挖、运。 2.地基找平、夯实。 3.铺设垫层。 4.砌砖散水、地坪。 5.抹砂浆面层

项目编码	项目名称	项目特征	计量单位	工程量计算规则	工作内容
010404015	砖地沟、明沟	1. 砖品种、规格、强度等级。 2. 沟截面尺寸。 3. 垫层材料种类、厚度。 4. 混凝土强度等级。 5. 砂浆强度等级	m	以"m"计量,按设计图示以中心线长度计算	1.土方挖、运。 2.铺设垫层。 3.底板混凝土制作、运输、浇筑、振捣、养护。 4.砌砖。 5.刮缝、抹灰。 6.材料运输

2.清单信息解读

(1)"砖基础"项目适用于各种类型砖基础,如柱基础、墙基础、管道基础等。

(2)基础与墙(柱)身使用同一种材料时,以设计室内地面为界(有地下室者,以地下室室内设计地面为界),以下为基础,以上为墙(柱)身。基础与墙身使用不同材料时,位于设计室内地面高度≤±300 mm 时,以不同材料为分界线,高度>±300 mm 时,以设计室内地面为分界线。

(3)砖围墙以设计室外地坪为界,以下为基础,以上为墙身。

(4)框架外表面的镶贴砖部分,按零星项目编码列项。

(5)附墙烟囱、通风道、垃圾道应按设计图示尺寸以体积(扣除孔洞所占体积)计算并入所依附的墙体体积内。当设计规定孔洞内需抹灰时,应按零星抹灰项目编码列项。

(6)空斗墙的窗间墙、窗台下、楼板下、梁头下等的实砌部分,按零星砌砖项目编码列项。

(7)"空花墙"项目适用于各种类型的空花墙,使用混凝土花格砌筑的空花墙,实砌墙体与混凝土花格应分别计算,混凝土花格按混凝土及钢筋混凝土中预制构件相关项目编码列项。

(8)台阶、台阶挡墙、梯带、锅台、炉灶、蹲台、池槽、池槽腿、砖胎模、花台、花池、楼梯栏板、阳台栏板、地垄墙、小于等于0.3 m² 的孔洞填塞等,应按零星砌砖项目编码列项。砖砌锅台与炉灶可按外形尺寸以"个"计算,砖砌台阶可按水平投影面积以"m²"计算,小便槽、地垄墙可按长度计算,其他工程按"m³"计算。

(9)砖砌体内钢筋加固,应按相关项目编码列项。

(10)砖砌体勾缝按相关项目编码列项。

(11)检查井内的爬梯按相关项目编码列项;井、池内的混凝土构件按混凝土及钢筋混凝土预制构件编码列项。

(12)如施工图设计标注做法见标准图集时,应在项目特征描述中注明标注图集的编码、页号及节点大样。

（二）砌块砌体

1.工程量清单信息表

砌块砌体工程量清单信息表如表4-19所示。

表4-19　砌块砌体(编号:010402)

项目编码	项目名称	项目特征	计量单位	工程量计算规则	工作内容
010402001	砌块墙	1.砌块品种、规格、强度等级。 2.墙体类型。 3.砂浆强度等级	m³	按设计图示尺寸以体积计算。 扣除门窗洞口、过人洞、空圈、嵌入墙内的钢筋混凝土柱、梁、圈梁、挑梁、过梁及凹进墙内的壁龛、管槽、暖气槽、消火栓箱所占体积,不扣除梁头、板头、檩头、垫木、木楞头、沿缘木、木砖、门窗走头、砌块墙内加固钢筋、木筋、铁件、钢管及单个面积≤0.3 m² 的孔洞所占的体积。凸出墙面的腰线、挑檐、压顶、窗台线、虎头砖、门窗套的体积亦不增加。凸出墙面的砖垛并入墙体体积内计算。 1.墙长度:外墙按中心线、内墙按净长计算。 2.墙高度: (1)外墙:斜(坡)屋面无檐口天棚者算至屋面板底;有屋架且室内外均有天棚者算至屋架下弦底另加 200 mm;无天棚者算至屋架下弦底另加 300 mm,出檐宽度超过 600 mm 时按实砌高度计算;与钢筋混凝土楼板隔层者算至板顶;平屋面算至钢筋砼板底。 (2)内墙:位于屋架下弦者,算至屋架下弦底;无屋架者算至天棚底另加 100 mm;有钢筋砼楼板隔层者算至楼板顶;有框架梁时算至梁底。 (3)女儿墙:从屋面板上表面算至女儿墙顶面(如有砼压顶时算至压顶下表面)。 (4)内、外山墙:按其平均高度计算。 3.框架间墙:不分内外墙按墙体净尺寸以体积计算。 4.围墙:高度算至压顶上表面(如有砼压顶时算至压顶下表面),围墙柱并入围墙体积内	1.砂浆制作、运输。 2.砌砖、砌块。 3.勾缝。 4.材料运输

续表

项目编码	项目名称	项目特征	计量单位	工程量计算规则	工作内容
010402002	砌块柱	1.砖品种、规格、强度等级。 2.墙体类型。 3.砂浆强度等级	m³	按设计图示尺寸以体积计算。扣除混凝土及钢筋混凝土梁垫、梁头、板头所占体积	1.砂浆制作、运输。 2.砌砖、砌块。 3.勾缝。 4.材料运输

2.清单信息解读

(1)砌体内加筋、墙体拉结的制作、安装,应按相关项目编码列项。

(2)砌块排列应上、下错缝搭砌,如果搭错缝长度满足不了规定的压搭要求,应采取压砌钢筋网片的措施,具体构造要求按设计规定。若设计无规定时,应注明由投标人根据工程实际情况自行考虑。

(3)砌体垂直灰缝宽>30 mm 时,采用 C20 细石混凝土灌实。灌注的混凝土应按相关项目编码列项。

(三)垫层

1.工程量清单信息表

垫层工程量清单信息表如表 4-20 所示。

表 4-20　垫层(编号:010404)

项目编码	项目名称	项目特征	计量单位	工程量计算规则	工作内容
010404001	垫层	垫层材料种类、配合比、厚度	m³	按设计图示尺寸以立方米计算	1.垫层材料的拌制。 2.垫层铺设。 3.材料运输

2.清单信息解读

除混凝土垫层应按混凝土相关项目编码列项外,没有包括垫层要求的清单项目应按表 4-20 垫层项目编码列项。

四、砌筑工程典型计价训练

【例4.5】　砖基础平面图及剖面图如图 4-22 所示,试计算砖基础工程量。已知钢筋混凝土的梁体积为 5.88 m³。

砌筑工程量计算

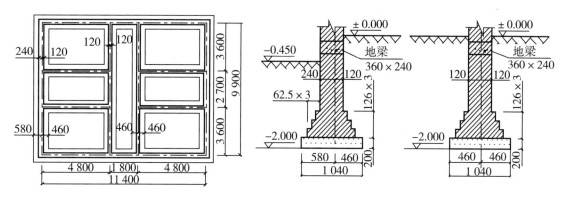

图 4-22　砖基础平面图及剖面图(单位:mm)

解

$$砖基础高度\ H=2.0-0.2=1.80\ \text{m}$$

$$外墙厚=0.365\ \text{m}$$

$$外墙中心线长度=43.08\ \text{m}$$

砖基础采用的是三层等高式放脚砌筑,查表折算高度为 0.259 m。

$$外墙基础体积=43.08×0.365×(1.80+0.259)=32.38\ \text{m}^3$$

$$内墙厚=0.24\ \text{m}$$

$$内墙净长=37.56\ \text{m}$$

砖基础采用的是三层等高式放脚砌筑,查表折算高度为 0.394 m。

$$内墙基础体积=37.56×0.24×(1.80+0.394)=19.78\ \text{m}^3$$

$$基础体积=32.38+19.78-5.88=46.48\ \text{m}^3$$

【例 4.6】　烟囱剖面图如图 4-23 所示,根据有关数据和上述公式计算砖砌烟囱和圈梁工程量。

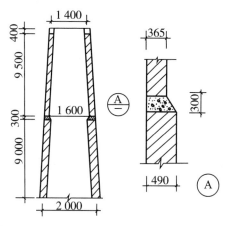

图 4-23　烟囱剖面图(单位:mm)

解

1.砖砌烟囱工程量

（1）上段已知：
$$H = 9.5 \text{ m}, C = 0.365 \text{ m}$$
$$D = (1.40 + 1.60 + 0.365) \times 1/2 = 1.68 \text{ m}$$
$$V_{\text{上}} = 9.50 \times 0.365 \times 3.141\,6 \times 1.68 = 18.30 \text{ m}^3$$

（2）下段已知：
$$H = 9.0 \text{ m}, C = 0.490 \text{ m}$$
$$D = (2.0 + 1.60 + 0.365 \times 2 - 0.49) \times 1/2 = 1.92 \text{ m}$$
$$V_{\text{下}} = 9.0 \times 0.49 \times 3.141\,6 \times 1.92 = 26.60 \text{ m}^3$$
$$V = 18.30 + 26.60 = 44.90 \text{ m}^3$$

2.混凝土圈梁工程量

（1）上部圈梁：
$$V_{\text{上}} = 1.40 \times 3.141\,6 \times 0.4 \times 0.365 = 0.64 \text{ m}^3$$

（2）中部圈梁：
$$\text{圈梁中心直径} = 1.60 + 0.365 \times 2 - 0.49 = 1.84 \text{ m}$$
$$\text{圈梁断面积} = (0.365 + 0.49) \times 1/2 \times 0.30 = 0.128 \text{ m}^2$$
$$V_{\text{中}} = 1.84 \times 3.141\,6 \times 0.128 = 0.74 \text{ m}^3$$

因此
$$V = 0.74 + 0.64 = 1.38 \text{ m}^3$$

砌筑工程要点说明

实训工单四　砌筑工程计量与计价

姓名：	学号：	日期：
班级组别：	组员：	

1.实训资料准备

《2016 河南省房屋建筑与装饰工程预算定额》摘录

定额编号	项目	单位	人工费/元	材料费/元	机械费/元	管理费和利润/元	烧结煤矸石普通砖240 mm×115 mm×53 mm	干混砌筑砂浆 DM M10
4-1	砖基础	10 m³	1 187.02	3 731.89	53.69	407.85	0.526 2 千块	0.239 9 m³
4-10	混水砖墙 1 砖	10 m³	1 352.11	3 728.43	51	464.95	0.533 7 千块	0.231 3m³

2.实训表格

分部分项工程量清单计算表

序号	项目编码	项目名称	项目特征描述	计量单位	工程量	计算过程
1	010401001001	砖基础				
2	010401003001	实心砖墙				

注：根据规范规定，可塑黏土和硬塑黏土为三类土。

计价工程量计算表

序号	项目编码	项目名称	计量单位	数量	计算过程
1	4-1	砖基础			
2	4-10	混水砖墙 1 砖			

砖基础　综合单价分析表

项目编码	010401001001	项目名称	砖基础	计量单位		工程量	
清单综合单价组成明细							

定额编号	定额项目名称	定额单位	数量	单价/元				合价/元			
				人工费	材料费	机械费	管理费和利润	人工费	材料费	机械费	管理费和利润
4-1	砖基础										

人工单价	小计
高级技工 201 元/工日；普工 87.1 元/工日；一般技工 134 元/工日	未计价材料费

清单项目综合单价

材料费明细	主要材料名称、规格、型号	单位	数量	单价/元	合价/元	暂估单价/元	暂估合价/元
	烧结煤矸石普通砖 240 mm×115 mm×53 mm						
	干混砌筑砂浆 DM M10						
	其他材料费/元			—		—	
	材料费小计/元			—		—	

实心砖墙　综合单价分析表

项目编码	010401003001	项目名称	实心砖墙	计量单位		工程量	
清单综合单价组成明细							

定额编号	定额项目名称	定额单位	数量	单价/元				合价/元			
				人工费	材料费	机械费	管理费和利润	人工费	材料费	机械费	管理费和利润
4-10	混水砖墙 1 砖										

人工单价	小计

高级技工 201 元/工日；普工 87.1 元/工日；一般技工 134 元/工日		未计价材料费					
清单项目综合单价							
材料费明细	主要材料名称、规格、型号	单位	数量	单价/元	合价/元	暂估单价/元	暂估合价/元
	烧结煤矸石普通砖 240 mm×115 mm×53 mm						
	干混砌筑砂浆 DM M10						
	其他材料费/元			—		—	
	材料费小计/元			—		—	

 学生互评

小组之间按照统一标准，对各小组回答问题、完成任务的过程及结果进行互评。

完成任务 成绩评定表

姓名：　　　班级：　　　学号：　　　学习任务：　　　组长：　　　教师：

序号	考评项目	考核内容	分值	教师评分（权重 0.6）	组长评分（权重 0.2）	自我评分（权重 0.2）
1	学习态度	出勤率、听课态度、实训表现等	2			
2	学习能力	课堂回答问题、完成学生工作页情况、完成练习题情况	2			
3	操作能力	计算、实操记录、作品成果质量	3			
4	团队成绩	所在小组完成任务质量、速度情况	3			
		合计	10			
综合评价						

任务五 混凝土及钢筋混凝土工程计量与计价

⊕ 学习目标

知识目标	混凝土及钢筋混凝土工程定额主要说明要点;混凝土及钢筋混凝土工程定额计算规则;混凝土及钢筋混凝土工程清单计算规则;混凝土及钢筋混凝土工程综合单价编制
能力目标	通过对本部分内容的学习能够完成混凝土及钢筋混凝土工程计量与计价
思政目标	钢筋、混凝土种类多,又分若干等级,如果施工与算量环节出现偏差,就会导致构件强度不足,产生裂缝,甚至引起建筑物的安全问题,给国家财产造成巨大损失,给人的生命造成巨大危险,因此,必须培养安全意识、质量意识,要敬畏职业、敬畏生命,严格按照国家规范进行施工、算量、计价,培养精益求精的工匠精神

⊕ 任务引领

根据附图的图纸信息,完成实训工单混凝土及钢筋混凝土工程计量与计价任务。

⊕ 问题导入

1.混凝土及钢筋混凝土工程说明要点。

2.混凝土及钢筋混凝土工程计算规则。

一、混凝土及钢筋混凝土工程定额说明要点

混凝土及钢筋混凝土工程定额包括混凝土,钢筋,模板,混凝土构件运输与安装。

混凝土及钢筋混凝土
工程定额说明要点

(一)混凝土

(1)混凝土按预拌混凝土编制,采用现场搅拌时,执行相应的预拌混凝土项目,再执行现场搅拌混凝土调整费项目。现场搅拌混凝土调整费项目中,仅包含了冲洗搅拌机用水量,如需冲洗石子,用水量另行处理。

(2)预拌混凝土是指在混凝土厂集中搅拌、用混凝土罐车运输到施工现场并入模的混凝土(圈、过梁及构造柱项目中已综合考虑了因施工条件限制不能直接入模的因素)。固定泵、泵车项目适用于混凝土送到施工现场未入模的情况,泵车项目仅适用于高度在 15 m 以内;固定泵

项目适用所有高度。

(3)混凝土按常用强度等级考虑,设计强度等级不同时可以换算;混凝土各种外加剂统一在配合比中考虑;除预拌混凝土本身所含外加剂外,设计要求增加的外加剂另行计算。

(4)毛石混凝土,按毛石占混凝土体积的 20% 计算,如设计要求不同时,可以换算。

(5)混凝土结构物实体积最小几何尺寸大于 1 m,且按规定需进行温度控制的大体积混凝土,温度控制费用按照经批准的专项施工方案另行计算。

(6)独立桩承台执行独立基础项目;带形桩承台执行带形基础项目;与满堂基础相连的桩承台执行满堂基础项目。

(7)满堂基础底面向下加深的梁,可按带形基础计算。

(8)二次灌浆,如灌注材料与设计不同时,可以换算;空心砖内灌注混凝土,执行小型构件项目。

(9)现浇钢筋混凝土柱、墙项目,均综合了每层底部注水泥砂浆的消耗量。地下室外墙执行墙相应项目。

(10)钢管柱制作、安装执行本定额"金属结构工程"相应项目;钢管柱浇筑混凝土使用反顶升浇筑法施工时,增加的材料、机械另行计算。

(11)斜梁(板)按坡度>10°且≤30°综合考虑的。斜梁(板)坡度在 10°以内的执行梁、板项目;坡度在 30°以上、45°以内时人工乘以系数 1.05;坡度在 45°以上、60°以内时人工乘以系数 1.10;坡度在 60°以上时人工乘以系数 1.20。

(12)叠合梁、板分别按梁、板相应项目执行。

(13)压型钢板上浇捣混凝土,执行平板项目,人工乘以系数 1.10。

(14)型钢组合混凝土构件,执行普通混凝土相应构件项目,人工、机械乘以系数 1.20。

(15)挑檐、天沟壁高度≤400 mm,执行挑檐项目;挑檐、天沟壁高度>400 mm,按全高执行栏板项目。

(16)阳台不包括阳台栏板及压顶、扶手内容。

(17)空调板执行悬挑板子目。

(18)预制板间补现浇板缝,适用于板缝小于预制板的模数,但需支模才能浇筑的混凝土板缝。

(19)楼梯是按建筑物一个自然层双跑楼梯考虑,如单坡直行楼梯(一个自然层、无休息平台)按相应项目定额乘以系数 1.2;三跑楼梯(一个自然层、两个休息平台)按相应项目定额乘以系数 0.9;四跑楼梯(一个自然层、三个休息平台)按相应项目定额乘以系数 0.75。

当图纸设计板式楼梯梯段底板(不含踏步三角部分)厚度大于 150 mm、梁式楼梯梯段底板(不含踏步三角部分)厚度大于 80 mm 时,混凝土消耗量按实调整,人工按相应比例调整。弧形楼梯是指一个自然层旋转弧度小于 180°的楼梯,螺旋楼梯是指一个自然层旋转弧度大于 180°的楼梯。

(20)散水混凝土厚度按 60 mm 编制,如设计厚度不同时,可以换算;散水包含混凝土浇筑、表面压实抹光及嵌缝内容,未包括基础夯实、垫层内容。

(21)台阶混凝土含量是按 1.22 $m^3/(10 m^2)$ 综合编制的,如设计含量不同时,可以换算。

台阶包括混凝土浇筑及养护内容,未包括基础夯实、垫层及面层装饰内容,发生时执行其他章节相应项目。

（22）与主体结构不同时浇捣的厨房、卫生间等处墙体下部现浇混凝土翻边执行圈梁相应项目。

（23）独立现浇门框按构造柱项目执行。

（24）凸出混凝土柱、梁的线条,并入相应柱、梁构件内;凸出混凝土外墙面、阳台梁、栏板外侧≤300 mm 的装饰线条,执行扶手、压顶项目;凸出混凝土外墙、梁外侧>300 mm 的板,按伸出外墙的梁板体积合并计算,执行悬挑板项目。

外形尺寸体积在 1 m³ 以内的独立池槽执行小型构件项目,1 m³ 以上的独立池槽及建筑物相连的梁、板墙结构式水池,分别执行梁、板、墙相应项目。

（25）小型构件是指单件体积0.1 m³ 以内和本节未列项目的小型构件。

（26）后浇带包括与原混凝土接缝处的钢丝网用量。

（27）按预拌混凝土编制了施工现场预制的小型构件项目,其他混凝土预制构件定额均按外购成品考虑。

（28）预制混凝土隔板,执行预制混凝土架空隔热板项目。

（29）现浇梁板区分示意图如图 4-24 所示。

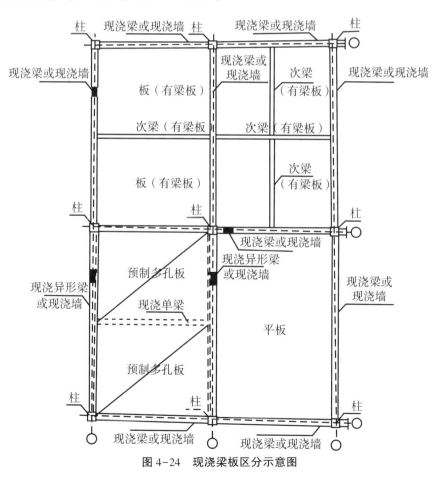

图 4-24　现浇梁板区分示意图

（二）钢筋

（1）钢筋工程按钢筋的不同品种和规格以现浇构件、预制构件、预应力构件以及箍筋分别列项，钢筋的品种、规格比例按常规工程设计综合考虑。

（2）除定额规定单独列项计算以外，各类钢筋、铁件的制作成型、绑扎、安装、接头、固定所用人工、材料、机械消耗均已综合在相应项目内，设计另有规定者，按设计要求计算。直径 25 mm 以上的钢筋连接按机械连接考虑。

（3）钢筋工程中措施钢筋，按设计图纸规定及施工验收规范要求计算，按品种、规格执行相应项目。如采用其他材料，另行计算。

（4）现浇构件冷拔钢筋（丝）按 $\phi 10$ 以内钢筋制作安装项目执行。

（5）型钢组合混凝土构件中，型钢骨架执行"金属结构工程"相应项目；钢筋执行现浇构件钢筋相应项目，人工乘以系数 1.50、机械乘以系数 1.15。

（6）半径小于 9 mm 的弧形构件钢筋执行钢筋相应项目，人工乘以系数 1.05。

（7）混凝土空心楼板（ADS 空心板）中钢筋网片，执行现浇构件钢筋网片相应项目，人工乘以系数 1.30、机械乘以系数 1.15。

（8）预应力混凝土构件中的非预应力钢筋按钢筋相应项目执行。

（9）非预应力钢筋未包括冷加工，如设计要求冷加工，应另行计算。

（10）预应力钢筋如设计要求人工时效处理时，应另行计算。

（11）后张法钢筋的锚固是按钢筋帮条焊、U 形插垫编制的，如采用其他方法锚固，应另行计算。

（12）预应力钢丝束、钢绞线综合考虑了一端、两端张拉。锚具按单锚、群锚分别列项，单锚按单孔锚具列入，群锚按 3 孔列入。预应力钢丝束、钢绞线长度大于 50 m 时，应采用分段张拉；用于地面预制构件时，应扣除项目中张拉平台摊销费。

（13）植筋不包括植入的钢筋和化学螺栓，植入的钢筋，按相应项目执行，化学螺栓另行计算；使用化学螺栓，应扣除植筋胶的消耗。

（14）地下连续墙钢筋笼安放，不包括钢筋制作，钢筋笼制作按现浇钢筋制作安装相应项目执行。

（15）固定预埋铁件（螺栓）所消耗的材料按实计算，执行相应项目。

（16）现浇混凝土小型构件，执行现浇构件钢筋相应项目，人工、机械乘以系数 2。

（三）模板

（1）模板分组合钢模板、大钢模板、复合模板、木模板，定额未注明模板类型的，均按木模板考虑。

（2）模板按企业自有编制。组合钢模板包括装箱，且已包括回库维修耗量。

（3）复合模板适用于竹胶、木胶等品种的复合板。

（4）半径≤9 mm 的圆弧形带形基础模板执行带形基础相应项目，人工、材料、机械乘以系数 1.15。

（5）地下室底板模板执行满堂基础，满堂基础模板已包括集水井模板杯壳。

（6）满堂基础下翻构件的砖胎膜，砖胎膜中砌体执行"砌筑工程"砖基础相应项目；抹灰执行"楼地面装饰工程""墙、柱面装饰与隔断、幕墙工程"抹灰的相应项目。

（7）独立桩承台执行独立基础项目；带形桩承台执行带形基础项目；与满堂基础相连的桩承台执行满堂基础项目。高杯基础杯口高度大于杯口大边长度3倍以上时，杯口高度部分执行柱项目，杯形基础执行柱项目。

（8）现浇混凝土柱（不含构造柱）、墙（不含圈、过梁）、梁、板是按高度（板面或地面、垫层面至上层板面的高度）3.6 m综合考虑的。如遇斜板面结构时，柱分别按各柱的中心高度为准；墙按分段墙的平均高度为准；框架梁按每跨两端的支座平均高度为准；板（含梁板合计的梁）按高点与低点的平均高度为准。

异形柱、梁，是指柱、梁的断面形状为L形、十字形、T形、Z形的柱、梁。

（9）异形柱模板执行圆柱项目。

（10）短肢剪力墙是指截面厚度≤300 mm，各肢截面高度与厚度之比的最大值>4但≤8的剪力墙；各肢截面高度与厚度之比的最大值≤4的剪力墙执行柱项目。

（11）外墙设计采用一次摊销止水螺杆方式支模时，将对拉螺栓材料换为止水螺杆，其消耗量按对拉螺栓数量乘以系数12，取消塑料套管消耗量，其余不变。墙面模板未考虑定位支撑因素。柱、梁面对拉螺栓堵眼增加费，执行墙面螺栓堵眼增加费项目，柱面螺栓堵眼人工、机械乘以系数0.3；梁面螺栓堵眼人工、机械乘以系数0.35。

（12）斜板或拱形结构按板顶平均高度确定支模高度，电梯井壁、电梯间顶盖按建筑物自然层层高确定支模高度。

（13）斜梁（板）是按坡度>10°且≤30°综合考虑。斜梁（板）坡度在10°以内的执行梁、板项目；坡度30°以上、45°以内时人工乘以系数1.05；坡度45°以上、60°以内时人工乘以系数1.10；坡度在60°以上时人工乘以系数1.20。

（14）混凝土梁、板均分别计算执行相应项目，混凝土板适用于截面厚度≤250 mm；板中暗梁并入板内计算；墙、梁弧形且半径≤9 m时，执行弧形墙、梁项目。

（15）现浇空心板执行平板项目，内模安装另行计算。

（16）薄壳板模板不分筒式、球形、双曲形等，均执行同一项目。

（17）型钢组合混凝土构件模板，按构件相应项目执行。

（18）屋面混凝土女儿墙高度>1.2 m时执行相应墙项目，≤1.2 m时执行相应栏板项目。

（19）混凝土栏板高度（含压顶扶手及翻沿），净高按1.2 m以内考虑，超1.2 m时执行相应墙项目。

（20）现浇混凝土阳台板、雨篷板按三面悬挑形式编制，如一面是弧形栏板且半径≤9 m时，执行圆弧形阳台板、雨篷板项目；如非三面悬挑形式的阳台、雨篷，则执行梁、板相应项目。

（21）挑檐、天沟壁高度≤400 mm，执行挑檐项目；挑檐、天沟壁高度>400 mm时，按全高执行栏板项目。

(22)预制板间补现浇板缝执行平板项目。

(23)现浇飘窗板、空调板执行悬挑板项目。

(24)楼梯是按建筑物一个自然层双跑楼梯考虑,如:单坡直行楼梯(一个自然层、无休息平台)按相应项目人工、材料、机械乘以系数1.2;三跑楼梯(一个自然层、两个休息平台)按相应项目人工、材料、机械乘以系数0.9;四跑楼梯(一个自然层、三个休息平台)按相应项目人工、材料、机械乘以系数0.75。剪刀楼梯执行单坡直行楼梯相应系数。

(25)与主体结构不同时浇筑的厨房、卫生间等处墙体下部现浇混凝土翻边的模板执行圈梁相应项目。

(26)散水模板执行垫层相应项目。

(27)凸出混凝土柱、梁、墙面的线条,并入相应构件内计算,再按凸出的线条道数执行模板增加费用;但单独窗台板、栏板扶手、墙上压顶的单阶挑沿不另计算模板增加费;其他单阶线条凸出宽度大于200 mm的执行挑檐项目。

(28)外形尺寸体积在1 m³以内的独立池槽执行小型构件项目,1 m³以上的独立池槽及与建筑物相连的梁、板、墙结构式水池,分别执行梁、板、墙相应项目。

(29)小型构件是指单件体积0.1 m³以内且本节未列项目的小型构件。

(30)当设计要求为清水混凝土模板时,执行相应模板项目,并做如下调整:复合模板材料换算为镜面胶合板,机械不变,其人工增加一般技工工日。

(31)预制构件地模的摊销,已包括在预制构件的模板中。

(四)混凝土构件运输与安装

1.混凝土构件运输

(1)构件运输适用于构件堆放场地或构件加工厂至施工现场的运输。运输以30 km以内考虑,30 km以上另行计算。

(2)构件运输基本运距按场内运输1 km、场外运输10 km分别列项,实际运距不同时,按场内每增减0.5 km、场外每增减1 km项目调整。

(3)定额已综合考虑施工现场内、外(现场、城镇)运输道路等级、路况、重车上/下坡等不同因素。

(4)构件运输不包括桥梁、涵洞、道路加固、管线、路灯迁移及因限载、限高而发生的加固、扩宽公交管理部门要求的措施等因素。

2.预制混凝土构件安装

(1)构件安装不分履带式起重机或轮胎式起重机,以综合考虑编制。构件安装是按单机作业考虑的,如因构件超重(以起重机械起重量为限)须双机台吊,按相应项目人工、机械乘以系数1.20。

(2)构件安装是按机械起吊点中心回转半径15 m以内的距离计算,当超过15 m时,构件须用起重机移运就位,且运距在50 m以内的,起重机械乘以系数1.25;运距超过50 m的,应另按构件运输项目计算。

（3）小型构件安装是指单体构件体积小于 0.1 m³ 以内的构件安装。

（4）构件安装不包括运输、安装过程中起重机械、运输机械场内行驶道路的加固、铺垫工作的人工、材料、机械消耗，发生费用时另行计算。

（5）构件安装高度以 20 m 以内为准，安装高度（除塔吊施工外）超过 20 m 并小于 30 m 时，按相应项目人工、机械乘以系数 1.20。安装高度（除塔吊施工外）超过 30 m 时，另行计算。

（6）构件安装需另行搭设的脚手架，按批准的施工组织设计要求，执行"措施项目"脚手架工程相应项目。

（7）塔式起重机的机械台班均已包括在垂直运输机械费项目中。单层房屋屋盖系统预制混凝土构件必须在跨外安装的，按相应项目的人工、机械乘以系数 1.18。但使用塔式起重机施工时，不乘以系数。

3.装配式建筑构件安装

（1）装配式建筑构件按外购成品考虑。

（2）装配式建筑构件包括预制钢筋混凝土柱、梁、叠合梁、叠合楼板、叠合外墙板、外墙板、内墙板、女儿墙、楼梯、阳台、空调板、预埋套管、注浆等项目。

（3）装配式建筑构件未包括构件卸车、堆放支架及垂直运输机械等内容。

（4）构件运输执行混凝土构件运输相应项目。

（5）如预制外墙构件中已包含窗框安装，则计算相应窗框费用时应扣除窗框安装人工。

（6）柱、叠合楼板项目中已包括接头、灌浆工作内容，不再另行计算。

二、混凝土及钢筋混凝土工程量定额计算规则

（一）混凝土

1.现浇混凝土

混凝土工程量除另有规定外，均按设计图示尺寸以体积计算。不扣除构件内钢筋、预埋铁件及墙、板中 0.3 m² 以内的孔洞所占体积。型钢混凝土中型钢骨架所占体积按 7 850 kg/m³（密度）扣除。

（1）基础：按设计图示尺寸以体积计算，不扣除伸入承台基础的桩头所占体积。

1）带形基础：不分有肋式与无肋式均按带形基础项目计算，有肋式带形基础，肋高（指基础扩顶面至梁顶面的高）小于或等于 1.2 m 时，合并计算；大于 1.2 m 时，扩大顶面以下的基础部分，按无肋形基础项目计算，扩大顶面以上部分，按墙项目计算。带形基础示意图如图 4-25 所示。

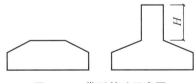

图 4-25　带形基础示意图

其计算公式为

$$V_{外墙带形基础}＝外墙带形基础中心线长×基础断面面积$$

$V_{内墙带形基础}$=内墙带形基础内净长×基础断面面积+T形接头增加体积

T形接头增加体积示意图如图 4-26 所示。

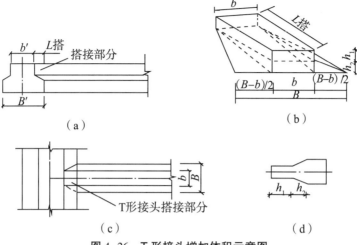

（a）　　　　　　　（b）

（c）　　　　　　　（d）

图 4-26　T 形接头增加体积示意图

对于十字交叉的节点计算如图 4-27 所示。

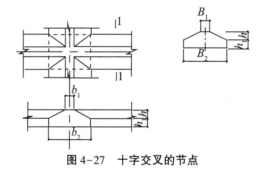

图 4-27　十字交叉的节点

扣除台体体积：

$$V=B_2b_2h_1+\frac{1}{6}h\left[B_1b_1+B_2b_2+(B_1+B_2)(b_1+b_2)\right]$$

独立基础示意图如图 4-28 所示。

高度（h）为相邻下一个高度（h_1）2 倍以内者为柱基，2 倍以上者为柱身。

$$V=abh+\frac{h_1}{6}\left[ab+(a+a_1)(b+b_1)+a_1b_1\right]$$

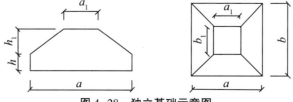

图 4-28　独立基础示意图

1)满堂基础。不分有梁式与无梁式,均按满堂基础项目计算。满堂基础有扩大或角锥形柱墩时,应并入满堂基础内计算。满堂基础梁高超过 1.2 m 时,底板按满堂基础项目计算,梁按混凝土墙项目计算。

$$V_{满堂基础}=地板长×宽×板厚+柱墩体积(包括地板上地梁体积)$$

桩承台:应分别按带形和独立桩承台计算。满堂式桩承台按满堂基础相应项目计算。

$$V_{带形}=承台长度×承台纵断面面积$$

$$V_{独立}=承台长度×宽度×厚度$$

2)箱式基础。分别按基础、柱、墙、梁、板等有关规定计算。

3)设备基础。除块体(块体设备基础是指没有空间的实心混凝土形状)以外,其他类设备基础分别按基础、柱、墙、梁、板等有关规定计算。

4)高杯基础。基础扩大顶面以上短柱部分高>1 m 时,短柱与基础分别计算,短柱执行柱项目,基础执行独立基础项目。

(2)柱:按设计图示尺寸以体积计算(设计断面乘以柱高,以 m³ 计算)。

柱高示意图如图 4-29 所示。

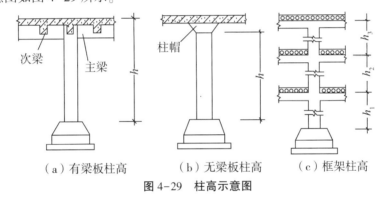

（a）有梁板柱高　　　（b）无梁板柱高　　　（c）框架柱高

图 4-29　柱高示意图

1)有梁板的柱高,应自柱基上表面(或楼板上表面)至上一层楼板上表面之间的高度计算。

2)无梁板的柱高,应自柱基上表面(或楼板上表面)至柱帽下表面之间的高度计算。

3)框架柱的柱高,应自柱基上表面至柱顶面高度计算。

4)无楼隔层的柱高,应自柱基上表面至柱高顶高度计算。

构造柱示意图如图 4-30 所示。

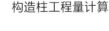

构造柱工程量计算

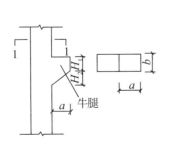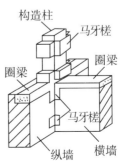

图 4-30　构造柱示意图

1)构造柱按全高计算,嵌接墙体部分(马牙槎)并入柱身体积。

2)依附柱上的牛腿,并入柱身体积内计算。

3)钢管混凝土柱以钢管高度按照钢管内径计算混凝土体积。

注:构造柱的体积应包含马牙槎部分的体积。简而言之,柱的高度除了无梁板柱的高度计算至柱帽下表面,其他柱都计算全高。

$$V_柱 = 柱截面积 \times 柱高$$

构造柱四种截面示意图如图4-31所示,其计算公式为

一字形:$S = (d_1 + 0.06)d_2$

转角 L 形:$S = d_1 d_2 + 0.03(d_1 + d_2)$

T 形:$S = d_1 d_2 + 0.03 d_1 + 0.03 d_2 \times 2$

十字形:$S = d_1 d_2 + 0.03(d_1 + d_2) \times 2$

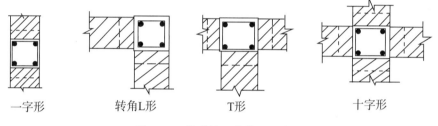

一字形　　　　转角L形　　　　T形　　　　　十字形

图 4-31　构造柱四种截面示意图

(3)墙:按设计图示尺寸以体积计算,扣除门窗洞口及0.3 m以外孔洞所占体积。墙垛及凸出部分并入墙体积内计算。直行墙中门窗洞口上的梁并入墙体积;短肢剪力墙结构砌体内门窗洞口上的梁并入墙体积。

墙与柱连接时墙算至柱边;墙与梁连接时墙算至梁底;墙与板连接时板算至墙侧;凸出墙面的暗梁柱并入墙体积。

(4)梁:按设计图示尺寸以体积计算,伸入砖墙内的梁头、梁垫并入梁体积内。

1)梁与柱连接时,梁长算至柱侧面。

2)主梁与次梁连接时,次梁长算至主梁侧面。主、次梁长示意图如图4-32所示。

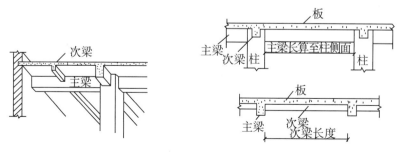

图 4-32　主、次梁长示意图

3)混凝土圈梁与过梁连接,分别套用圈梁、过梁定额,其过梁长度按门窗外围宽度两端共加 50 cm 计算。

$$V_{外墙圈梁}=外墙圈梁中心线长×外墙圈梁断面$$

$$V_{内墙圈梁}=内墙圈梁净长×内墙圈梁断面$$

需注意,圈梁长度应扣除构造柱部分。

(5)板:按设计图示尺寸以体积计算,不扣除单个面积 0.3 m² 以内的柱、垛及孔洞所占体积。

1)有梁板包括梁与板,按梁、板体积之和计算。

2)无梁板按板和柱帽体积之和计算。

3)各类板伸入砖墙内的板头并入板体积内计算。薄壳板的肋、基梁并入薄壳体积内计算。空心板按设计图示尺寸以体积(扣除空心部分)计算。

(6)栏板、扶手按设计图示尺寸以体积计算,伸入砖墙内的部分并入栏板、扶手体积计算。

(7)挑檐、天沟按设计图示尺寸以墙外部分体积计算。挑檐、天沟板与板(包括屋面板)连接时,外墙外边线为分界线;与梁(包括圈梁等)连接时,以梁外边线为分界线;外墙外边线以外为挑檐、天沟。

(8)凸阳台(凸出外墙外侧用悬挑梁悬挑的阳台)按阳台项目计算;凹进墙内的阳台,按梁、板分别计算,阳台栏板、压顶分别按栏板、压顶项目计算。

(9)雨篷梁、板工程量合并,按雨篷以体积计算,高度小于或等于 400 mm 的栏板并入雨篷体积内计算,栏板高度大于 400 mm 时,其超过部分,按栏板计算。

【例4.7】　某工程现浇阳台平面图如图 4-33 所示,试计算阳台工程量。

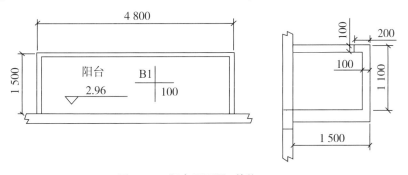

图 4-33　阳台平面图(单位:mm)

解　(1)阳台工程量:

$$V= 1.5×4.8×0.10=0.72 \text{ m}^3$$

(2)现浇阳台栏板工程量:

$$V_{栏板}=[(1.5×2+4.8)-0.1×2]×(1.1-0.1)×0.1=0.76 \text{ m}^3$$

（3）现浇阳台扶手工程量：

$$V_{阳台扶手}=\left[\left(1.5\times2+4.8\right)-0.2\times2\right]\times0.2\times0.1=0.15\ \text{m}^3$$

【例4.8】 某工程挑檐天沟示意图如图4-34所示，计算该挑檐天沟工程量。

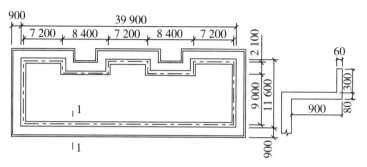

图4-34　挑檐天沟示意图（单位：mm）

解　挑檐板体积 $=\{\left[\left(39.9+11.6\right)\times2+2.1\times4\right]\times0.9+0.9\times0.9\times4\}\times0.08=8.28\ \text{m}^3$

天沟壁体积 $=\{\left[\left(39.9+11.6\right)\times2+2.1\times4+0.9\times8\right]\times0.06-0.06\times0.06\times4\}\times0.3=2.13\ \text{m}^3$

因此，挑檐天沟工程量小计为 $10.41\ \text{m}^3$。

楼梯（包括休息平台、平台梁、斜梁及楼梯的连接梁）按设计图示尺寸以水平投影面积计算，不扣除宽度小于500 mm 楼梯，伸入墙内部分不计算。当整体楼梯与现浇楼板无梯梁连接时，以楼梯的最后一个踏步边缘加300 mm 为界。楼梯剖面图示意图如图4-35所示。

【例4.9】 某工程现浇钢筋混凝土整体楼梯示意图如图4-36所示，试计算该楼梯工程量（该建筑为6层，共5层楼梯）。

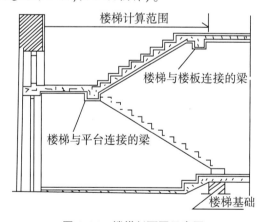

图4-35　楼梯剖面图示意图

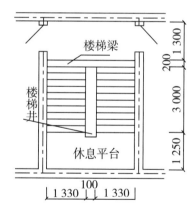

图4-36　钢筋混凝土整体楼梯示意图（单位：mm）

解　现浇钢筋混凝土整体楼梯工程量为

$$S=(1.33+0.1+1.33)\times(1.25+3+0.2)\times5=61.41\ \text{m}^2$$

散水、台阶按设计图示尺寸，以水平投影面积计算。台阶与平台连接时其投影面积应以最上层踏步外沿加 300 mm 计算。

场馆看台、地沟、混凝土后浇带按设计图示尺寸以体积计算。

二次灌浆、空心砖内灌注混凝土,按照实际灌注混凝土体积计算。

空心楼板筒芯、箱体安装,均按体积计算。

预制混凝土均按图示尺寸以体积计算,不扣除构件内钢筋、铁件及小于 0.3 m² 以内孔洞所占体积预制混凝土构件接头灌缝,均按预制混凝土构件体积计算。

(二)钢筋

(1)现浇、预制构件钢筋,按设计图示乘以单位理论质量计算。

(2)钢筋搭接长度应按设计图示及规范要求计算;设计图示及规范要求未标明搭接长度的,不另计算搭接长度。

钢筋算量方法

(3)钢筋的搭接(接头)数量应按设计图示及规范要求计算;设计图示及规范要求未标明的,按以下规定计算。

1)ϕ10 以内的长钢筋按每 12 m 计算一个钢筋搭接(接头)。

2)ϕ10 以上的长钢筋按每 9 m 计算一个钢筋搭接(接头)。

(4)先张法预应力钢筋按设计图示钢筋长度乘以单位理论质量计算。

(5)后张法预应力钢筋按设计图示钢筋(绞线、丝束)长度乘以单位理论质量计算。①低合金钢筋两端均采用螺杆锚具时,钢筋长度按预留孔道长度减 0.35 m 计算,螺杆另行计算。②低合金钢筋一端采用镦头插片,另一端采用螺杆锚具时,钢筋长度按预留孔道长度计算,螺杆另行计算。③低合金钢筋一端采用镦头插片,另一端采用帮条锚具时,钢筋按增加 0.15 m 计算;两端均采用帮条锚具时,钢筋长度按孔道长度增加 0.3 m 计算。④低合金钢筋采用后张混凝土自锚时,钢筋长度按孔道长度增加 0.35 m 计算。⑤低合金钢筋(钢绞线)采用 JM、XM、QM 型锚具,孔道长度≤20 m 时,钢筋长度按孔道长度增加 1 m 计算;孔道长度>20 m 时,钢筋长度按孔道长度增加 1.8 m 计算。⑥碳素钢丝采用锥形锚具,孔道长度≤20 m 时,钢丝束长度按孔道长度增加 1 m 计算;孔道长度>20 m 时,钢丝束长度按孔道长度增加 1.8 m 计算。⑦碳素钢丝采用墩头锚具时,钢丝束长度按孔道长度增加 0.35 m 计算。

(6)预应力钢丝束、钢绞线锚具安装按套数计算。

(7)当设计要求钢筋接头采用机械连接时,按数量计算,不再计算该处的钢筋搭接长度。

(8)植筋按数量计算,植入钢筋按外露和植入部分之和长度乘以单位理论质量计算。

(9)钢筋网片、混凝土灌注桩钢筋笼、地下连续墙钢筋笼按设计图示钢筋长度乘以单位理论质量计算。

(10)混凝土构件预埋铁件、螺栓,按设计图示尺寸,以质量计算。

(三)模板

1.现浇混凝土构件模板

模板工程量计算

现浇混凝土构件模板,除另有规定外,均按模板与混凝土的接触面积(扣除后浇带所占面积)计算。

2.基础

(1)有肋式带形基础:肋高(指基础扩大顶面至梁顶面的高)小于或等于 1.2 m 时,合并计算;大于 1.2 m 时,基础底板模板按无肋带形基础项目计算,扩大顶面以上部分模板按混凝土墙项目计算。

(2)独立基础:高度从垫层上表面计算到柱基上表面。

(3)满堂基础:无梁式满堂基础有扩大或角锥形柱墩时,并入无梁式满堂基础内计算。有梁式满堂基础梁高(从板面或板底计算,梁高不含板厚)小于等于 1.2 m 时,基础和梁合并计算;大于 1.2 m 时底板按无梁式满堂基础模板项目计算,梁按混凝土墙模板项目计算。箱式满堂基础应分别按无梁式满堂基础、柱、墙、梁、板的有关规定计算。地下室底板按无梁式满堂基础模板项目计算。

(4)设备基础:块体设备基础按不同体积,分别计算模板工程量。框架设备基础应分别按基础、柱以及墙的相应项目计算;楼层面上的设备基础并入梁、板项目计算,如在同一设备基础中部分为块体,分为框架时,应分别计算。框架设备基础的柱模板高度应由底板或柱基的上表面算至板的下表面;梁的长度按净长计算,梁的悬臂部分应并入梁内计算。

(5)设备基础地脚螺栓套孔以不同深度以数量计算。

构造柱均应按图示外露部分计算模板面积。带马牙槎构造柱的宽度按马牙槎处的宽度计算。

现浇混凝土墙、板上单孔面积在 0.3 m² 以内的孔洞,不予扣除,洞侧壁模板亦不增加;单孔面积在 0.3 m² 以外时,应予扣除,洞侧壁模板面积并入墙、板模板工程量以内计算。对拉螺栓堵眼增加费按墙面、柱面、梁面模板接触面分别计算工程量。

现浇混凝土框架分别按柱、梁、板有关规定计算,附墙柱突出墙面部分按柱工程量计算,暗梁、暗柱并入墙内工程量计算。

柱、梁、墙、板、栏板相互连接的重叠部分,均不扣除模板面积。

挑檐、天沟与板(包括屋面板、楼板)连接时,以外墙外边线为分界线;与梁(包括圈梁等)连接时,以梁外边线为分界线;外墙外边线以外或梁外边线以外为挑檐、天沟。

现浇混凝土悬挑板、雨篷、阳台按图示外挑部分尺寸的水平投影面积计算。挑出墙外的悬臂梁及板边不另计算。

现浇混凝土楼梯(包括休息平台、平台梁、斜梁和楼层板的连接的梁),按水平投影面积计算不扣除宽度小于 500 mm 楼梯井所占面积,楼梯的踏步、踏步板、平台梁等侧面模板不另行计算,伸入部分亦不增加。当整体楼梯与现浇楼板无梯梁连接时,以楼梯的最后一个踏步边缘加 300 mm 为界。

混凝土台阶不包括梯带,按图示台阶尺寸的水平投影面积计算,台阶端头两侧不另计算模板面积;架空式混凝土台阶按现浇楼梯计算;场馆看台按设计图示尺寸,以水平投影面积计算。

凸出的线条模板增加费,以凸出棱线的道数分别按长度计算,两条及多条线条相互之间净距小于100 mm的,每两条按一条计算。

后浇带按模板与后浇带的接触面积计算。

3.预制混凝土构件模板

预制混凝土模板按模板与混凝土的接触面积计算,地模不计算接触面积。

(四)混凝土构件运输与安装

(1)预制混凝土构件运输及安装除另有规定外,均按构件设计图示尺寸以体积计算。

(2)预制混凝土构件安装:①预制混凝土矩形柱、工形柱、双肢柱、空格柱、管道支架等安装,均按柱安装计算;②组合屋架安装,以混凝土部分体积计算,钢杆件部分不计算;③预制板安装,不扣除单个面积≤0.3 m²的孔洞所占体积,扣除空心板空洞体积。

(3)装配式建筑构件安装:①装配式建筑构件工程量均按设计图示尺寸以体积计算,不扣除构件内钢筋、预埋件等所占体积;②装配式墙、板安装,不扣除单个面积≤0.3 m²的孔洞所占体积;③装配式楼梯安装,应按扣除空心踏步板空洞体积后,以体积计算。

(4)预埋套筒、注浆按数量计算。

(5)墙间空腔注浆按长度计算。

三、混凝土及钢筋混凝土工程量清单计量规范

(一)现浇混凝土基础

1.工程量清单信息表

现浇混凝土基础工程量清单信息表如表4-21所示。

表4-21　现浇混凝土基础(编号:010501)

项目编码	项目名称	项目特征	计量单位	工程量计算规则	工作内容
010501001	垫层	1.混凝土类别。2.混凝土强度等级	m³	按设计图示尺寸以体积计算。不扣除构件内钢筋、预埋铁件和伸入承台基础的桩头所占体积	1.模板及支撑制作、安装、拆除、堆放、运输及清理模内杂物、刷隔离剂等。2.混凝土制作、运输、浇筑、振捣、养护
010501002	带形基础				
010501003	独立基础				
010501004	满堂基础				
010501005	桩承台基础				
010501006	设备基础	1.混凝土类别。2.混凝土强度等级。3.灌浆材料、灌浆材料强度等级			

2.清单信息解读

(1)有肋带形基础、无肋带形基础应按相关项目列项,并注明肋高。

(2)箱式满堂基础中柱、梁、墙、板按相关项目分别编码列项;箱式满堂基础底板按满堂基础项目列项。

(3)框架式设备基础中柱、梁、墙、板分别按相关项目编码列项;基础部分按相关项目编码列项。

(4)如为毛石混凝土基础,项目特征应描述毛石所占比例。

(二)现浇混凝土柱

1.工程量清单信息表

现浇混凝土柱工程量清单信息表如表4-22所示。

表4-22 现浇混凝土柱(编号:010502)

项目编码	项目名称	项目特征	计量单位	工程量计算规则	工作内容
010502001	矩形柱	1.混凝土类别。2.混凝土强度等级	m³	按设计图示尺寸以体积计算。不扣除构件内钢筋、预埋铁件所占体积。型钢混凝土柱扣除构件内型钢所占体积。柱高:1.有梁板的柱高,应自柱基上表面(或楼板上表面)至上一层楼板上表面之间的高度计算。2.无梁板的柱高,应自柱基上表面(或楼板上表面)至柱帽下表面之间的高度计算。3.框架柱的柱高:应自柱基上表面至柱顶高度计算。4.构造柱按全高计算,嵌接墙体部分(马牙槎)并入柱身体积计算。5.依附柱上的牛腿和升板的柱帽,并入柱身体积计算	1.模板及支架(撑)制作、安装、拆除、堆放、运输及清理模内杂物、刷隔离剂等。2.混凝土制作、运输、浇筑、振捣、养护
010502002	构造柱				
010502003	异形柱	1.柱形状。2.混凝土类别。3.混凝土强度等级			

2.清单信息解读

混凝土种类指清水混凝土、彩色混凝土等,如在同一地区既使用预拌(商品)混凝土、又允许现场搅拌混凝土时,也应注明。

(三)现浇混凝土梁

现浇混凝土梁工程量清单信息表如表4-23所示。

表 4-23　现浇混凝土梁(编号:010503)

项目编码	项目名称	项目特征	计量单位	工程量计算规则	工作内容
010503001	基础梁	1.混凝土类别。2.混凝土强度等级	m³	按设计图示尺寸以体积计算。不扣除构件内钢筋、预埋铁件所占体积,伸入墙内的梁头、梁垫并入梁体积内。型钢混凝土梁扣除构件内型钢所占体积。梁长:1.梁与柱连接时,梁长算至柱侧面。2.主梁与次梁连接时,次梁长算至主梁侧面	1.模板及支架(撑)制作、安装、拆除、堆放、运输及清理模内杂物、刷隔离剂等。2.混凝土制作、运输、浇筑、振捣、养护
010503002	矩形梁				
010503003	异形梁				
010503004	圈梁				
010503005	过梁				
010503006	弧形、拱形梁	1.混凝土类别。2.混凝土强度等级	m³	按设计图示尺寸以体积计算。不扣除构件内钢筋、预埋铁件所占体积,伸入墙内的梁头、梁垫并入梁体积内。梁长:1.梁与柱连接时,梁长算至柱侧面。2.主梁与次梁连接时,次梁长算至主梁侧面	1.模板及支架(撑)制作、安装、拆除、堆放、运输及清理模内杂物、刷隔离剂等。2.混凝土制作、运输、浇筑、振捣、养护

(四)现浇混凝土墙

1.工程量清单信息表

现浇混凝土墙工程量清单信息表如表4-24所示。

表 4-24　现浇混凝土墙(编号:010504)

项目编码	项目名称	项目特征	计量单位	工程量计算规则	工作内容
010504001	直形墙	1.混凝土类别。2.混凝土强度等级	m³	按设计图示尺寸以体积计算。不扣除构件内钢筋、预埋铁件所占体积,扣除门窗洞口及单个面积>0.3 m²的孔洞所占体积,墙垛及突出墙面部分并入墙体体积计算	1.模板及支架(撑)制作、安装、拆除、堆放、运输及清理模内杂物、刷隔离剂等。2.混凝土制作、运输、浇筑、振捣、养护
010504002	弧形墙				
010504003	短肢剪力墙				
010504004	挡土墙				

2.清单信息解读

(1)墙肢截面的最大长度与厚度之比小于或等于6的剪力墙,按短肢剪力墙项目列项。

(2)L形、Y形、T形、十字形、Z形、一字形等短肢剪力墙的单肢中心线长≤0.4 m,按柱项目列项。

(五)现浇混凝土板

1.工程量清单信息表

现浇混凝土板工程量清单信息表如表4-25所示。

表4-25　现浇混凝土板(编号:010505)

项目编码	项目名称	项目特征	计量单位	工程量计算规则	工作内容
010505001	有梁板	1.混凝土类别。2.混凝土强度等级	m³	按设计图示尺寸以体积计算,不扣除构件内钢筋、预埋铁件及单个面积≤0.3 m²的柱、垛以及孔洞所占体积。压形钢板混凝土楼板扣除构件内压形钢板所占体积。有梁板(包括主、次梁与板)按梁、板体积之和计算,无梁板按板和柱帽体积之和计算,各类板伸入墙内的板头并入板体积内,薄壳板的肋、基梁并入薄壳体积计算	1.模板及支架(撑)制作、安装、拆除、堆放、运输及清理模内杂物、刷隔离剂等。2.混凝土制作、运输、浇筑、振捣、养护
010505002	无梁板				
010505003	平板				
010505004	拱板				
010505005	薄壳板				
010505006	栏板				
010505007	天沟(檐沟)、挑檐板	1.混凝土类别。2.混凝土强度等级		按设计图示尺寸以体积计算	
010505008	雨篷、悬挑板、阳台板			按设计图示尺寸以墙外。部分体积计算。包括伸出墙外的牛腿和雨篷反挑檐的体积	
010505009	其他板	—		按设计图示尺寸以体积计算	

2.清单信息解读

现浇挑檐、天沟板、雨篷、阳台与板(包括屋面板、楼板)连接时,以外墙外边线为分界线;与圈梁(包括其他梁)连接时,以梁外边线为分界线。外边线以外为挑檐、天沟、雨篷或阳台。

(六)现浇混凝土楼梯

1.工程量清单信息表

现浇混凝土楼梯工程量清单信息表如表4-26所示。

表 4-26　现浇混凝土楼梯(编号:010506)

项目编码	项目名称	项目特征	计量单位	工程量计算规则	工作内容
010506001	直形楼梯	1.混凝土类别。 2.混凝土强度等级	1.m² 2.m³	1.以"m²"计量,按设计图示尺寸以水平投影面积计算。不扣除宽度≤500 mm 的楼梯井,伸入墙内部分不计算。 2.以"m³"计量,按设计图示尺寸以体积计算	1.模板及支架(撑)制作、安装、拆除、堆放、运输及清理模内杂物、刷隔离剂等。 2.混凝土制作、运输、浇筑、振捣、养护
010506002	弧形楼梯				

2.清单信息解读

整体楼梯(包括直形楼梯、弧形楼梯)水平投影面积包括休息平台、平台梁、斜梁和楼梯的连接梁。当整体楼梯与现浇楼板无梯梁连接时,以楼梯的最后一个踏步边缘加 300 mm 为界。

(七)现浇混凝土其他构件

1.工程量清单信息表

现浇混凝土其他构件工程量清单信息表如表 4-27 所示。

表 4-27　现浇混凝土其他构件(编号:010507)

项目编码	项目名称	项目特征	计量单位	工程量计算规则	工作内容
010507001	散水、坡道	1.垫层材料种类、厚度。 2.面层厚度。 3.混凝土类别。 4.混凝土强度等级。 5.变形缝填塞材料种类	m²	以"m²"计量,按设计图示尺寸以面积计算。不扣除单个≤0.3 m² 的孔洞所占面积	1.地基夯实。 2.铺设垫层。 3.模板及支撑制作、安装、拆除、堆放、运输及清理模内杂物、刷隔离剂等。 4.混凝土制作、运输、浇筑、振捣、养护。 5.变形缝填塞
010507002	电缆沟、地沟	1.土壤类别。 2.沟截面净空尺寸。 3.垫层材料种类、厚度。 4.混凝土类别。 5.混凝土强度等级。 6.防护材料种类	m	以"m"计量,按设计图示以中心线长计算	1.挖填、运土石方。 2.铺设垫层。 3.模板及支撑制作、安装、拆除、堆放、运输及清理模内杂物、刷隔离剂等。 4.混凝土制作、运输、浇筑、振捣、养护。 5.刷防护材料

项目编码	项目名称	项目特征	计量单位	工程量计算规则	工作内容
010507003	台阶	1.踏步高宽比。 2.混凝土类别。 3.混凝土强度等级	1.m² 2.m³	1.以"m²"计量,按设计图示尺寸水平投影面积计算。 2.以"m³"计量,按设计图示尺寸以体积计算	1.模板及支撑制作、安装、拆除、堆放、运输及清理模内杂物、刷隔离剂等。 2.混凝土制作、运输。 3.浇筑、振捣、养护
010507004	扶手、压顶	1.断面尺寸。 2.混凝土类别。 3.混凝土强度等级	1.m 2.m³	1.以"m"计量,按设计图示的延长米计算。 2.以"m³"计量,按设计图示尺寸以体积计算	1.模板及支架(撑)制作、安装、拆除、堆放、运输及清理模内杂物、刷隔离剂等。 2.混凝土制作、运输、浇筑、振捣、养护

2.清单信息解读

(1)现浇混凝土小型池槽、垫块、门框等,应按本表其他构件项目编码列项。

(2)架空式混凝土台阶,按现浇楼梯计算。

(八)后浇带

后浇带工程量清单信息表如表 4-28 所示。

表 4-28　后浇带(编号:010508)

项目编码	项目名称	项目特征	计量单位	工程量计算规则	工作内容
010508001	后浇带	1.混凝土类别。 2.混凝土强度等级	m³	按设计图示尺寸以体积计算	1.模板及支架(撑)制作、安装、拆除、堆放、运输及清理模内杂物、刷隔离剂等。 2.混凝土制作、运输、浇筑、振捣、养护及混凝土交接面、钢筋等的清理

(九)预制混凝土柱

1.工程量清单信息表

预制混凝土柱工程量清单信息表如表 4-29 所示。

表 4-29　预制混凝土柱(编号:010509)

项目编码	项目名称	项目特征	计量单位	工程量计算规则	工作内容
010509001	矩形柱	1.图代号。 2.单件体积。 3.安装高度。	1.m³ 2.根	1.以"m³"计量,按设计图示尺寸以体积计算。不扣除构件内钢筋、预埋铁件所占体积。 2.以根计量,按设计图示尺寸以数量计算	1.构件安装。 2.砂浆制作、运输。 3.接头灌缝、养护
010509002	异形柱	4.混凝土强度等级。 5.砂浆强度等级、配合比			

2.清单信息解读

以根计量,必须描述单件体积。

(十)预制混凝土梁

1.工程量清单信息表

预制混凝土梁工程量清单信息表如表 4-30 所示。

表 4-30　预制混凝土梁(编号:010510)

项目编码	项目名称	项目特征	计量单位	工程量计算规则	工作内容
010510001	矩形梁	1.图代号。 2.单件体积。 3.安装高度。 4.混凝土强度等级。 5.砂浆强度等级、配合比	m³ 根	1.以"m³"计量,按设计图示尺寸以体积计算。不扣除构件内钢筋、预埋铁件所占体积。 2.以根计量,按设计图示尺寸以数量计算	1.构件安装。 2.砂浆制作、运输。 3.接头灌缝、养护
010510002	异形梁				
010510003	过梁				
010510004	拱形梁				
010510005	鱼腹式吊车梁				
010510006	风道梁				

2.清单信息解读

以"根"计量,必须描述单件体积。

(十一)钢筋工程

1.工程量清单信息表

钢筋工程工程量清单信息表如表 4-31 所示。

表 4-31　钢筋工程(编号:010515)

项目编码	项目名称	项目特征	计量单位	工程量计算规则	工作内容
010515001	现浇构件钢筋	钢筋种类、规格	t	按设计图示钢筋(网)长度(面积)乘单位理论质量计算	1.钢筋制作、运输。2.钢筋安装。3.焊接
010515002	钢筋网片				1.钢筋网制作、运输。2.钢筋网安装。3.焊接
010515003	钢筋笼				1.钢筋笼制作、运输。2.钢筋笼安装。3.焊接
010515004	先张法预应力钢筋	1.钢筋种类、规格。2.锚具种类		按设计图示钢筋长度乘单位理论质量计算	钢筋制作、运输钢筋张拉
010515005	后张法预应力钢筋	1.钢筋种类、规格。2.钢丝种类、规格。3.钢绞线种类、规格。4.锚具种类。5.砂浆强度等级	t	按设计图示钢筋(丝束、绞线)长度乘单位理论质量计算。1.低合金钢筋两端均采用螺杆锚具时,钢筋长度按孔道长度减0.35 m计算,螺杆另行计算。2.低合金钢筋一端采用镦头插片、另一端采用螺杆锚具时,钢筋长度按孔道长度计算,螺杆另行计算。3.低合金钢筋一端采用镦头插片、另一端采用帮条锚具时,钢筋增加0.15 m计算;两端均采用帮条锚具时,钢筋长度按孔道长度增加0.3m计算。4.低合金钢筋采用后张砼自锚时,钢筋长度按孔道长度增加0.35 m计算。5.低合金钢筋(钢铰线)采用JM、XM、QM型锚具,孔道长度≤20 m时,钢筋长度增加1 m计算,孔道长度>20 m时,钢筋长度增加1.8 m计算。6.碳素钢丝采用锥形锚具,孔道长度≤20 m时,钢丝束长度按孔道长度增加1 m计算,孔道长度>20 m时,钢丝束长度按孔道长度增加1.8 m计算。7.碳素钢丝采用镦头锚具时,钢丝束长度按孔道长度增加0.35 m计算	1.钢筋、钢丝、钢绞线制作、运输。2.钢筋、钢丝、钢绞线安装。3.预埋管孔道铺设。4.锚具安装。5.砂浆制作、运输。6.孔道压浆、养护。
010515006	预应力钢丝				
010515007	预应力钢绞线				

2.清单信息解读

(1)现浇构件中伸出构件的锚固钢筋应并入钢筋工程量内。除设计(包括规范规定)标明的搭接外,其他施工搭接不计算工程量,在综合单价中综合考虑。

(2)现浇构件中固定位置的支撑钢筋、双层钢筋用的"铁马"在编制工程量清单时,如果设计未明确,其工程数量可为暂估量,结算时按现场签证数量计算。

(十二)螺栓、铁件

1.工程量清单信息表

螺栓、铁件工程量清单信息表如表4-32所示。

表4-32 螺栓、铁件(编号:010516)

项目编码	项目名称	项目特征	计量单位	工程量计算规则	工作内容
010516001	螺栓	1.螺栓种类。 2.规格	t	按设计图示尺寸以质量计算	1.螺栓、铁件制作、运输。 2.螺栓、铁件安装
010516002	预埋铁件	1.钢材种类。 2 规格。 3.铁件尺寸	t		
010516003	机械连接	1.连接方式。 2.螺纹套筒种类。 3.规格	个	按数量计算	1.钢筋套丝。 2.套筒连接

2.清单信息解读

编制工程量清单时,如果设计未明确,其工程数量可为暂估量,实际工程量按现场签证数量计算。

其他相关问题应按下列规定处理。

预制混凝土构件或预制钢筋混凝土构件,如施工图设计标注做法见标准图集时,项目特征注明标准图集的编码、页号及节点大样即可。

四、混凝土及钢筋混凝土工程典型训练

(1)钢筋的混凝土保护层厚度应根据混凝土结构工程施工及混凝土验收规范的规定确定,如表4-33所示。

表 4-33　钢筋的混凝土保护层厚度

单位:mm

环境与条件	构件名称	混凝土强度等级		
		低于 C25	C25 及 C30	高于 C30
室内正常环境	板、墙、壳	15		
	梁和柱	25		
露天或室内	板、墙、壳	35	25	15
	梁和柱	45	35	25
有垫层	基础	35		
无垫层		70		

(2)弯起钢筋增加的长度为 $S-L$。不同弯起角度的 $S-L$ 值计算表如表 4-34 所示。

表 4-34　弯起钢筋增加长度计算表

弯起角度	S	L	$S-L$
30°	2.000h	1.732h	0.268h
45°	1.414h	1.000h	0.414h
60°	1.155h	0.577h	0.573h

(3)采用钢筋作受力筋时,两端需设弯钩,形式有 180°、90°、135° 三种,钢筋弯钩示意图如图 4-37 所示。三种形式的弯钩增加长度分别为 6.25d、3.5d、4.9d。

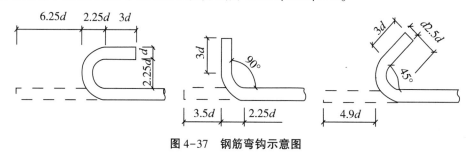

图 4-37　钢筋弯钩示意图

(4)一般情况下箍筋多采用封闭式弯成矩形,封闭端采用 135° 的弯钩,弯钩平直段的长度,对于有抗震要求构件为 10d,非抗震要求构件为 5d,箍筋弯钩示意图如图 4-38 所示。

箍筋长度=单根箍筋长度×箍筋根数

为简化计算,也可近似地按梁柱断面外围周长计算。

箍筋(或其他分布钢筋)的根数,应按下式计算:

$$箍筋根数 = \frac{箍筋分布长度}{箍筋间距} + 1$$

箍筋分布长度一般为构件长度减去两端保护层厚度。

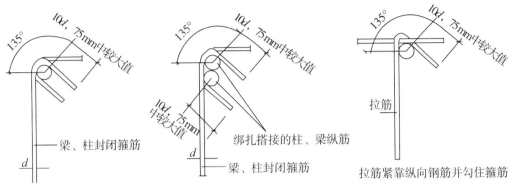

图 4-38 箍筋弯钩示意图

(5)多支箍筋的计算简图如图 4-39 所示。图中的一号箍筋计算公式为

$[间距 j \times 2 + 1/(2D \times 2) + 2d] \times 2 + (h - 保护层 \times 2 + 2d) \times 2 + 1.9d \times 2 + \max(10d, 75mm) \times 2$

$= (2j + 1/4D + 2d) \times 2 + (h - 2bh_c + 2d) \times 2 + 1.9d \times 2 + \max(10d, 75mm) \times 2$

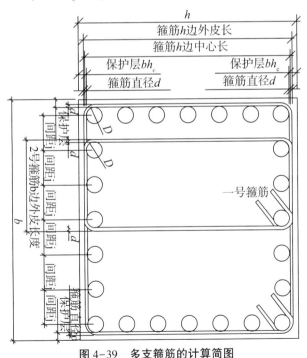

图 4-39 多支箍筋的计算简图

【例 4.10】 求条形基础混凝土体积(外墙-1、内墙-2)。基础平面图如图 4-40 所示,剖面图如图 4-41 所示。

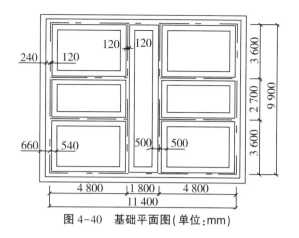

图 4-40　基础平面图(单位:mm)

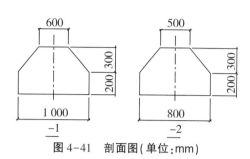

图 4-41　剖面图(单位:mm)

解

$$外墙厚 = 0.365 \text{ m}$$

$$外墙基础长 = 外墙中心线长度 = 43.08 \text{ m}$$

$$外墙基础体积 = 43.08 \times [0.5 \times (0.6+1) \times 0.3 + (1 \times 0.2)] = 18.96 \text{ m}^3$$

$$内墙厚 = 0.24 \text{ m}$$

$$内墙基础长 = 内墙净长(37.56) - [(0.54-0.1) \times 8 + (0.5-0.1) \times 4] = 32.44 \text{ m}$$

$$内墙基础体积 = 32.44 \times [0.5 \times (0.5+0.8) \times 0.3 + (0.8 \times 0.2)] = 11.52 \text{ m}^3$$

$$内墙基础增加体积 = \frac{1}{6} \times 0.44 \times 0.3(0.8 + 2 \times 0.5) \times 8 + \frac{1}{6} \times 0.4 \times 0.3(0.8 + 2 \times 0.5) \times 4 = 0.46 \text{ m}^3$$

$$基础体积 = 外墙基础体积 + 内墙基础体积 + 内墙基础增加体积 = 30.94 \text{ m}^3$$

实训工单五　混凝土及钢筋混凝土工程计量与计价

姓名:	学号:	日期:
班级组别:	组员:	

1.实训资料准备

《2016 河南省房屋建筑与装饰工程预算定额摘录》

单位:元

定额编号	项目	单位	人工费	材料费	机械费	管理费和利润
5-3	现浇混凝土 条形基础 混凝土换为【预拌混凝土 C30】	10 m³	400.74	4 504.84	—	187.49
5-182	现浇混凝土模板带形基础 钢筋混凝土（有肋式）复合模板 钢支撑	100 m²	2 099.04	5 203.78	0.94	981.29
5-88	泵送混凝土泵车	10 m³		16.16	70.26	3.83
5-15	现浇混凝土构造柱换为【预拌混凝土 C25】	10 m³	1 415.95	4 455.36	—	661.68
5-222	现浇混凝土模板 构造柱 复合模板 钢支撑	100 m²	1 810.62	4 802.2	1.39	846.43
5-22	现浇混凝土 矩形梁	10 m³	353.9	4 338.78	—	165.56
5-232	现浇混凝土模板 矩形梁 复合模板 钢支撑	100 m³	2 140.09	4 888.89	0.94	1 000.47

2.实训表格

分部分项工程量清单计算表

序号	项目编码	项目名称	项目特征描述	计量单位	工程量	计算过程
1	010501002001	带形基础				
2	010502002001	构造柱				
3	010503002001	矩形梁				

注:根据规范规定,可塑黏土和硬塑黏土为三类土。

计价工程量计算表

序号	项目编码	项目名称	计量单位	数量	计算过程
1	5-3	现浇混凝土 带形基础 混凝土换为【预拌混凝土 C30】			
2	5-182	现浇混凝土模板 带形基础 钢筋混凝土（有肋式）复合模板 钢支撑			
3	5-88	泵送混凝土 泵车			
4	5-15	现浇混凝土 构造柱换为【预拌混凝土 C25】			
5	5-222	现浇混凝土模板 构造柱 复合模板 钢支撑			
6	5-23	现浇混凝土 矩形梁			
7	5-232	现浇混凝土模板 矩形梁 复合模板 钢支撑			
8	5-88	泵送混凝土 泵车			

带形基础 综合单价分析表

项目编码	010501002001	项目名称	带形基础	计量单位		工程量	

清单综合单价组成明细

定额编号	定额项目名称	定额单位	数量	单价/元				合价/元			
				人工费	材料费	机械费	管理费和利润	人工费	材料费	机械费	管理费和利润
5-3 H80210557 80210561	现浇混凝土 带形基础 混凝土 为【预拌混凝土 C30】										
5-182	现浇混凝土 模板 带形基础 钢筋混凝土(有肋式) 复合模板 钢支撑										

5-88	泵送混凝土泵车								
人工单价			小计						
高级技工 201 元/工日； 普工 87.1 元/工日； 一般技工 134 元/工日			未计价材料费						
清单项目综合单价									
材料费明细	主要材料名称、规格、型号		单位	数量	单价/元	合价/元	暂估单价/元	暂估合价/元	
	预拌混凝土 C30								
	板方材								
	复合模板								
	其他材料费/元				—		—		
	材料费小计/元				—		—		

构造柱　综合单价分析表

项目编码	010502002001	项目名称	构造柱	计量单位		工程量	
清单综合单价组成明细							
定额编号	定额项目名称	定额单位	数量	单价/元				合价/元			
				人工费	材料费	机械费	管理费和利润	人工费	材料费	机械费	管理费和利润
5-12 H80210557 80210559	现浇混凝土构造柱换为【预拌混凝土 C25】										
5-222	现浇混凝土模板 构造柱 复合模板 钢支撑										

续表

人工单价	小计			
高级技工 201 元/工日； 普工 87.1 元/工日； 一般技工 134 元/工日	未计价材料费			
清单项目综合单价				

材料费明细	主要材料名称、规格、型号	单位	数量	单价 /元	合价 /元	暂估单价 /元	暂估合价 /元
	板方材						
	复合模板						
	预拌混凝土 C25						
	其他材料费/元			—		—	
	材料费小计/元			—		—	

矩形梁　综合单价分析表

项目编码	010503002001	项目名称	矩形梁	计量单位		工程量	

清单综合单价组成明细											
定额编号	定额项目名称	定额单位	数量	单价/元				合价/元			
				人工费	材料费	机械费	管理费和利润	人工费	材料费	机械费	管理费和利润
5-17	现浇混凝土矩形梁										
5-232	现浇混凝土模板 矩形梁 复合模板 钢支撑										
5-88	泵送混凝土泵车										
人工单价			小计								

续表

高级技工 201 元/工日； 普工 87.1 元/工日； 一般技工 134 元/工日		未计价材料费					
清单项目综合单价							
材料费明细	主要材料名称、规格、型号	单位	数量	单价 /元	合价 /元	暂估单价 /元	暂估合价 /元
	板方材						
	复合模板						
	其他材料费/元			—		—	
	材料费小计/元			—		—	

 学生互评

小组之间按照统一标准，对各小组回答问题、完成任务的过程及结果进行互评。

完成任务 成绩评定表

姓名：　　　　班级：　　　　学号：　　　　学习任务：　　　　组长：　　　　教师：

序号	考评项目	考核内容	分值	教师评分 （权重 0.6）	组长评分 （权重 0.2）	自我评分 （权重 0.2）
1	学习态度	出勤率、听课态度、实训表现等	2			
2	学习能力	课堂回答问题、完成学生工作页情况、完成练习题情况	2			
3	操作能力	计算、实操记录、作品成果质量	3			
4	团队成绩	所在小组完成任务质量、速度情况	3			
		合计	10			
综合评价						

任务六　金属结构工程计量与计价

✦ 学习目标

知识目标	金属结构工程定额主要说明要点;金属结构工程定额计算规则;金属结构工程清单计算规则;金属结构工程综合单价编制
能力目标	通过对本部分内容的学习能够完成金属结构工程计量与计价
思政目标	钢结构建筑是装配式建筑的一种。装配式建筑是指把传统建造方式中的大量现场作业工作转移到工厂进行,在工厂加工制作好的建筑部品、部件,如柱、梁、楼板、墙板、楼梯等,运输到建筑施工现场,通过可靠的连接方式在现场装配安装而成的建筑。装配式建筑采用标准化设计、工厂化生产、装配化施工,一体化装修、信息化管理,是现代工业化生产方式。大力发展装配式建筑,是实施推进"创新驱动发展、经济转型升级"的重要举措,是切实转变城市建设模式,建设资源节约型、环境友好型城市的现实需要,能促进从业者显著提升施工效率、节省施工成本以及改善作业环境

✦ 任务引领

某工程钢屋架如图 4-42 所示,完成实训工单钢屋架制作安装工程量计量与计价任务。

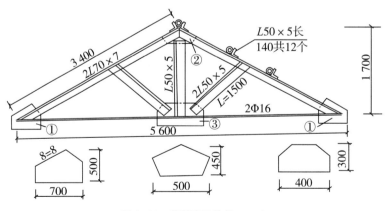

图 4-42　钢屋架(单位:mm)

1.金属结构工程定额说明要点。

2.金属结构工程定额工程量计算规则。

3.金属结构工程清单工程量计算规则。

4.金属结构工程综合单价编制。

一、金属结构工程定额说明要点

金属结构工程定额包括金属结构制作,金属结构运输,金属结构安装和金属结构屋(楼、墙)面板及其他工程。

(一)金属结构制作、安装

(1)构件制作若采用成品构件,按各省、自治区、直辖市造价管理机构发布的信息价执行;如采用现场制作或施工企业附属加工厂制作,可参照本定额执行。

(2)构件制作项目中钢材按钢号 Q235 编制,构件制作设计使用的钢材强度等级、型材组成比例与定额不同时,可按设计图纸进行调整;配套焊材单价相应调整,用量不变。

(3)构件制作项目中钢材的损耗量已包括切割和制作损耗,如设计有特殊要求的,消耗量可进行调整。

(4)构件制作项目已包括加工厂预装配所需的人工、材料及机械台班用量及预拼装平台摊销费用。

(5)钢网架制作、安装项目按平面网格结构编制,如设计为筒壳、球壳及其他曲面结构的,其制作项目人工、机械乘以系数 1.3,安装项目人工、机械乘以系数 1.2。

(6)钢桁架制作、安装项目按直线型桁架编制,如设计为曲线、折线形桁架,其制作项目人工、机械乘以系数 1.3,暗装项目人工、机械乘以系数 1.2。

(7)构件制作项目中焊接 H 型钢构件均按钢板加工焊接编制,如实际采用成品 H 型钢的,主材按成品价格进行换算,人工、机械除主材外的其他材料乘以系数 0.6。

(8)定额中圆(方)钢管构件按成品钢管编制,如实际采用钢板加工而成的,主材价格进行调整,加工费用另计。

(9)构件制作按构件种类及截面形式不同套用相应项目,构件安装按构件种类及质量不同套用相应项目,构件安装项目中的质量指按设计图纸所确定的构件单元质量。

(10)轻钢屋架是指单榀质量在 1 t 以内,且用角钢或圆钢、管材作为支撑、拉杆的钢屋架。

(11)实腹钢柱(梁)是指 H 形、箱形、T 形、L 形、十字形等,空腹钢柱是指格构形等。

(12)制动梁、制动板、车挡套用钢吊车梁相应项目。

(13)杜间、梁间、屋架间的 II 形或箱形钢支撑,套相应的钢柱货钢梁制作、安装项目;墙架柱、墙架梁和相配套连接杆件套用钢墙架相应项目。

(14)型钢混凝土组合结构中的钢构件套用本章相应项目,制作项目人工、机械乘以系数 1.15。

(15)钢栏杆(钢护栏)定额适用于钢楼梯、钢平台及钢走道板等与金属结构相连的栏杆，其他部位的栏杆、扶手应套用定额"其他装饰工程"相应项目。

(16)基坑围护中的格构柱套用本章相应项目，其中制作项目(除主材外)乘以系数 0.7，安装项目乘以系数 0.5。同时，应考虑钢格构柱拆除、回收残值等的因素。

(17)单件质量 25 kg 以内的加工构件套用本章定额中的零星构件。需埋入混凝土中的铁件及螺栓套用"混凝土及钢筋混凝土工程"相应项目。

(18)构件制作项目中未包括除锈工作内容，发生时套用相应项目。其中：喷砂或抛丸除锈项目按 Sa2.5 除锈等级编制，如果设计为 Sa3 级则定额乘以系数 1.1；设计为 Sa2 级、Sa1 级则定额乘以系数 0.75；手工及动力工具除锈项目按 St3 级制，如果设计为 St2 级定额乘以系数 0.75。

(19)构件制作中不包括油漆工作内容，设计有要求时，套用"油漆、涂料、裱糊工程"相应项目。

(20)构件制作、安装项目已包括施工企业按照质量验收规范要求所需的磁粉探伤、超声波探伤常规检测费用。

(21)钢结构构件 15 t 及以下构件按单机吊装编制，其他按双机抬吊考虑吊装机械，网架按分块吊装考虑配置相应机械。

(22)钢结构安装项目按檐高 20 m 以内，跨内吊装编制，实际须采用跨外吊装的，应按施工方案进行调整。

(23)钢结构构件采用塔吊吊装的，将钢构件安装项目中的汽车式起重机 20 t、40 t 分别调整为自升式塔式起重机 2 500 kN·m、3 000 kN·m，人工及起重机械乘以系数 1.2。

(24)钢构件安装项目中已考虑现场拼装费用，但未考虑分块或整体吊装的钢网架，刚桁架地面平台拼装摊销，如发生则套用现场拼装平台摊销定额项目。

(二)金属结构运输

(1)金属结构构件运输定额是按加工厂至现场考虑的，运输距离以 30 km 为限，运距在 30 km 以上时按照构件运输方案和市场运价调整。

(2)金属结构构件运输分为三类，套用相应项目。

(3)金属结构构件运输过程中，如遇路桥限载(限高)，而发生的加固、拓宽的费用及有电车线路和公安交通管理部门的保安护送费用，应另行处理。

(三)金属结构楼(墙)面板及其他

(1)金属结构楼面板和墙面板按成品板编制。

(2)压型楼面板的收边板未包括在楼面板项目内，应单独计算。

二、金属结构工程量定额计算规则

(一)金属构件制作

(1)金属构件质量按设计图示尺寸乘以理论质量计算。

(2)金属构件计算工程量时，不扣除单个面积 ≤0.3 m² 的孔洞质量，焊条、铆钉、螺栓等不另增加质量。

（3）钢网架计算工程量时,不扣除孔眼的质量,焊条、铆钉等不另增加质量。焊接空心球网架质量包括连接钢管杆件、连接球、支托和网架支座等零件的质量,螺栓球节点网架质量包括连接钢管杆件(含高强螺栓、销子、套筒、锥头或封板)、螺栓球、支托和网架支座等零件的质量。

（4）依附在钢柱上的牛腿及悬臂梁的质量等并入钢柱的质量内,钢柱上的柱脚板、加劲板、柱顶板、隔板和肋板并入钢柱的工程量内。

（5）钢管柱上的节点板、加强环、内衬板(管)、牛腿等并入钢管柱的质量内。

（6）钢平台的工程量包括钢平台的柱、梁、板、斜撑等的质量,依附于钢平台上的钢扶梯及平台栏杆,应按相应构件另行列项计算。

（7）钢楼梯的工程量包括楼梯平台、楼梯梁、楼梯踏步等的质量,钢楼梯上的扶手、栏杆另行列项计算。

（8）钢栏杆包括扶手的质量,合并套用钢栏杆项目。

（9）机械或手工及动力工具除锈按设计要求以构件质量计算。

(二) 金属结构运输、安装

（1）金属结构构件运输、安装工程量同制作工程量。

（2）钢构件现场拼装平台摊销工程量按实施拼装构件的工程量计算。

(三) 金属结构楼(墙)面板及其他

（1）楼面板按设计图示尺寸以铺设面积计算,不扣除单个面积≤0.3 m^2 柱、垛及孔洞所占面积。

（2）墙面板按设计图示尺寸以铺挂面积计算,不扣除单个面积≤0.3 m^2 的梁、孔洞所占面积。

（3）钢板天沟按设计图示尺寸以质量计算,依附天沟的型钢并入天沟的质量内计算;不锈钢天沟、彩钢板天沟按设计图示尺寸以长度计算。

（4）金属构件安装使用的高强螺栓、花篮螺栓和剪力栓钉按设计图纸数量以"套"为单位计算。

（5）槽铝檐口端面封边包角、混凝土浇捣收边板高度按150 mm 考虑,工程量按设计图示尺寸以延长米计算;其他材料的封边包角、混凝土浇捣收边板按设计图示尺寸以展开面积计算。

三、金属结构工程量清单计量规范

(一) 钢网架

钢网架工程量清单信息表如表4-35所示。

表 4-35　钢网架(编码:010601)

项目编码	项目名称	项目特征	计量单位	工程量计算规则	工作内容
010601001	钢网架	1.钢材品种、规格。 2.网架节点形式、连接方式。 3.网架跨度、安装高度。 4.探伤要求。 5.防火要求	t	1.按设计图示尺寸以质量计算。不扣除孔眼的质量,焊条、铆钉等不另增加质量。 2.螺栓质量要计算	1.拼装。 2.安装。 3.探伤。 4.补刷油漆

(二)钢屋架、钢托架、钢桁架、钢桥架

1.工程量清单信息表

钢屋架、钢托架、钢桁架、钢桥架工程清单信息表如表 4-36 所示。

表 4-36　钢屋架、钢托架、钢桁架、钢桥架(编码:010602)

项目编码	项目名称	项目特征	计量单位	工程量计算规则	工作内容
010602001	钢屋架	1.钢材品种、规格。 2.单榀质量。 3.屋架跨度、安装高度。 4.螺栓种类。 5.探伤要求。 6.防火要求	1.榀 2.t	1.以"榀"计量,按设计图示数量计算。 2.以"t"计量,按设计图示尺寸以质量计算。不扣除孔眼的质量,焊条、铆钉、螺栓等不另增加质量	1.拼装。 2.安装。 3.探伤。 4.补刷油漆
010602002	钢托架	1.钢材品种、规格。 2.单榀质量。 3.安装高度。 4.螺栓种类。 5.探伤要求。 6.防火要求			
010602003	钢桁架				
010602004	钢桥架	1.桥架类型。 2.钢材品种、规格。 3.单榀质量。 4.安装高度。 5.螺栓种类。 6.探伤要求	t	按设计图示尺寸以质量计算。不扣除孔眼的质量,焊条、铆钉、螺栓等不另增加质量	

2.清单信息解读

(1)螺栓种类指普通或高强。

(2)以"榀"计量,按标准图设计的应注明标准图代号,按非标准图设计的项目特征必须描述单榀屋架的质量。

(三)钢柱

1.工程量清单信息表

钢柱工程量清单信息表如表4-37所示。

表4-37　钢柱(编码:010603)

项目编码	项目名称	项目特征	计量单位	工程量计算规则	工作内容
010603001	实腹钢柱	1.柱类型。 2.钢材品种、规格。 3.单根柱质量。 4.螺栓种类。 5.探伤要求。 6.防火要求	t	按设计图示尺寸以质量计算。不扣除孔眼的质量,焊条、铆钉、螺栓等不另增加质量,依附在钢柱上的牛腿及悬臂梁等并入钢柱工程量内	1.拼装。 2.安装。 3.探伤。 4.补刷油漆
010603002	空腹钢柱				
010603003	钢管柱	1.钢材品种、规格。 2.单根柱质量。 3.螺栓种类。 4.探伤要求。 5.防火要求		按设计图示尺寸以质量计算。不扣除孔眼的质量,焊条、铆钉、螺栓等不另增加质量,钢管柱上的节点板、加强环、内衬管、牛腿等并入钢管柱工程量内	

2.清单信息解读

(1)螺栓种类指普通或高强。

(2)实腹钢柱类型指十字形、T形、L形、H形等。

(3)空腹钢柱类型指箱形、格构等。

(4)型钢混凝土柱浇筑钢筋混凝土,其混凝土和钢筋应按混凝土及钢筋混凝土工程中相关项目编码列项。

(四)钢梁

1.工程量清单信息表

钢梁工程量清单信息表如表4-38所示。

表4-38　钢梁(编码:010604)

项目编码	项目名称	项目特征	计量单位	工程量计算规则	工作内容
010604001	钢梁	1.梁类型。 2.钢材品种、规格。 3.单根质量。 4.螺栓种类。 5.安装高度。 6.探伤要求。 7.防火要求	t	按设计图示尺寸以质量计算。不扣除孔眼的质量,焊条、铆钉、螺栓等不另增加质量,制动梁、制动板、制动桁架、车挡并入钢吊车梁工程量内	1.拼装。 2.安装。 3.探伤。 4.补刷油漆

续表

项目编码	项目名称	项目特征	计量单位	工程量计算规则	工作内容
010504002	钢吊车梁	1.钢材品种、规格。 2.单根质量。 3.螺栓种类。 4.安装高度。 5.探伤要求。 6.防火要求	t	按设计图示尺寸以质量计算。不扣除孔眼的质量,焊条、铆钉、螺栓等不另增加质量,制动梁、制动板、制动桁架、车挡并入钢吊车梁工程量内	1.拼装。 2.安装。 3.探伤。 4.补刷油漆

2.清单信息解读

(1)螺栓种类指普通或高强。

(2)梁类型指 H 形、L 形、T 形、箱形、格构式等。

(3)型钢混凝土梁浇筑钢筋混凝土,其混凝土和钢筋应按混凝土及钢筋混凝土工程中相关项目编码列项。

(五)钢板楼板、墙板

1.工程量清单信息表

钢板楼板、墙板工程量清单信息表4-39所示。

表4-39 钢板楼板、墙板(编码:010605)

项目编码	项目名称	项目特征	计量单位	工程量计算规则	工作内容
010605001	钢板楼板	1.钢材品种、规格。 2.钢板厚度。 3.螺栓种类。 4.防火要求	m²	按设计图示尺寸以铺设水平投影面积计算。 不扣除单个面积≤0.3 m² 柱、垛及孔洞所占面积	1.拼装。 2.安装。 3.探伤。 4.补刷油漆
010605002	钢板墙板	1.钢材品种、规格。 2.钢板厚度、复合板厚度。 3.螺栓种类。 4.复合板夹芯材料种类、层数、型号、规格。 5.防火要求		按设计图示尺寸以铺挂展开面积计算。 不扣除单个面积≤0.3 m² 的梁、孔洞所占面积,包角、包边、窗台泛水等不另加面积	

2.清单信息解读

(1)螺栓种类指普通或高强。

(2)钢板楼板上浇筑钢筋混凝土,其混凝土和钢筋应按混凝土及钢筋混凝土工程中相关项目编码列项。

（3）压型钢楼板按本表中钢板楼板项目编码列项。

（六）钢构件

1.工程量清单信息表

钢构件工程量清单信息表如表4-40所示。

表4-40　钢构件（编码:010606）

项目编码	项目名称	项目特征	计量单位	工程量计算规则	工作内容
010606001	钢支撑、钢拉条	1.钢材品种、规格。 2.构件类型。 3.安装高度。 4.螺栓种类。 5.探伤要求。 6.防火要求	t	按设计图示尺寸以质量计算。不扣除孔眼的质量,焊条、铆钉、螺栓等不另增加质量	1.拼装。 2.安装。 3.探伤。 4.补刷油漆
010606002	钢檩条	1.钢材品种、规格。 2.构件类型。 3.单根质量。 4.安装高度。 5.螺栓种类。 6.探伤要求。 7.防火要求			
010606008	钢梯	1.钢材品种、规格。 2.钢梯形式。 3.螺栓种类。 4.防火要求。			
010606009	钢护栏	1.钢材品种、规格。 2.防火要求			
010606010	钢漏斗	1.钢材品种、规格。 2.漏斗、天沟形式。 3.安装高度。 4.探伤要求	t	按设计图示尺寸以质量计算,不扣除孔眼的质量,焊条、铆钉、螺栓等不另增加质量,依附漏斗或天沟的型钢并入漏斗或天沟工程量内	1.拼装。 2.安装。 3.探伤。 4.补刷油漆
010606011	钢板天沟				
010606012	钢支架	1.钢材品种、规格。 2.单付重量。 3.防火要求		按设计图示尺寸以质量计算,不扣除孔眼的质量,焊条、铆钉、螺栓等不另增加质量	
010606013	零星钢构件	1.构件名称。 2.钢材品种、规格			

2.清单信息解读

(1)螺栓种类指普通或高强。

(2)钢墙架项目包括墙架柱、墙架梁和连接杆件。

(3)钢支撑、钢拉条类型指单式、复式;钢檩条类型指型钢式、格构式;钢漏斗形式指方形、圆形;天沟形式指矩形沟或半圆形沟。

(4)加工铁件等小型构件,应按零星钢构件项目编码列项。

(七)金属制品

1.工程量清单信息表

金属制品工程量清单信息表如表4-41所示。

表4-41　金属制品(编码:010607)

项目编码	项目名称	项目特征	计量单位	工程量计算规则	工作内容
010607001	成品空调金属百页护栏	1.材料品种、规格。2.边框材质	m²	按设计图示尺寸以框外围展开面积计算	1.安装。2.校正。3.预埋铁件及安螺栓
010607002	成品栅栏	1.材料品种、规格。2.边框及立柱型钢品种、规格			1.安装。2.校正。3.预埋铁件。4.安螺栓及金属立柱
010607003	成品雨篷	1.材料品种、规格。2.雨篷宽度。3.晾衣竿品种、规格	1.m 2.m²	1.以"m"计量,按设计图示接触边以米计算。2.以"m²"计量,按设计图示尺寸以展开面积计算	1.安装。2.校正。3.预埋铁件及安螺栓

2.清单信息解读

其他相关问题按下列规定处理。

(1)金属构件的切边,不规则及多边形钢板发生的损耗在综合单价中考虑。

(2)防火要求指耐火极限。

四、金属结构工程典型训练

【例4.11】　某工程空腹钢柱如图4-43所示,共20根,计算空腹钢柱制作安装工程量。

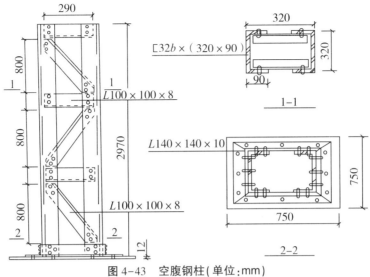

图 4-43　空腹钢柱(单位:mm)

解

$$32b\text{ 槽钢立柱质量} = 2.97 \times 2 \times 43.25 = 256.91\text{ kg}$$

$$L100 \times 100 \times 8\text{ 角钢斜撑工程量} = (\sqrt{0.82^2 + 0.297^2}) \times 6 \times 12.276 = 62.68\text{ kg}$$

$$L100 \times 100 \times 8\text{ 角钢横撑质量} = 0.29 \times 6 \times 12.276 = 21.36\text{ kg}$$

$$L140 \times 140 \times 10\text{ 角钢底座质量} = (0.32 + 0.14 \times 2) \times 4 \times 21.488 = 51.57\text{ kg}$$

$$\text{钢板}-12\text{ 底座质量} = 0.75 \times 0.75 \times 94.20 = 52.99\text{ kg}$$

$$\text{空腹钢柱工程量} = (256.91 + 21.36 + 62.68 + 51.57 + 52.99) \times 20 = 8910.20\text{ kg} = 8.91\text{ t}$$

【例 4.12】 钢筋混凝土柱预埋铁件示意图如图 4-44 所示,计算钢筋混凝土柱预埋铁件工程量。

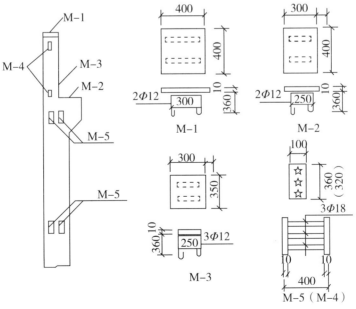

图 4-44　钢筋混凝土柱预埋铁件示意图(单位:mm)

解

M-1：

    钢板：0.4×0.4×78.5＝12.56 kg（10 mm 厚的钢板理论质量为 78.5 kg/ m²）

    直径12钢筋：2×(0.3+0.36×2 +0.02×12.5)×0.888＝2.08 kg

M-2：

    钢板：0.3×0.4×78.5＝9.42 kg

    直径12钢筋：2×(0.25 +0.36 ×2+0.012 ×12.5)×0.888＝1.99 kg

M-3：

    钢板：0.3×0.35×78.5＝8.24 kg

    直径12钢筋：2×(0 25 +0.36×2+0.012×12.5)×0.888＝1.99 kg

M-4：

    钢板：2×0.1×0.32×2×78.5＝10.05 kg

    直径l8钢筋：2×3×0.38×2＝4.56 kg

M-5：

    钢板：4×0.1×0.36×2×78.5＝22.61 kg

    直径12钢筋：4×3×0.38×2＝9.12 kg

【例4.13】　钢屋架水平支撑图如图4-45所示，钢屋架水平支撑节点详图如图4-46所示。试计算钢屋架水平支撑的制作工程量。

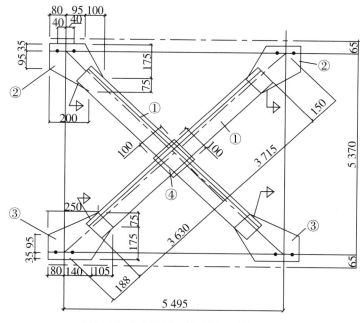

图 4-45　钢屋架水平支撑图（单位：mm）

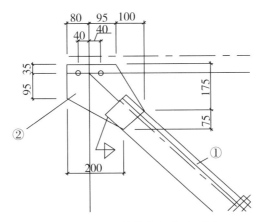

图 4-46 钢屋架水平支撑节点详图(单位:mm)

解

(1)角钢∠75×5:　　　　　(3.715+3.630)×5.28×2=85.5 kg

(2)钢板-8:　　　　　　　0.25×0.275×62.8×2=8.64 kg

(3)钢板-8:　　　　　　　0.25×0.325×62.8×2=10.21 kg

(4)钢板-8:　　　　　　　0.1×0.1×62.8=0.63 kg

合计:角钢∠75×5 用量为 85.50 kg。

钢板-8 用量为 19.48 kg。

实训工单六　金属结构工程计量与计价

姓名：	学号：	日期：
班级组别：	组员：	

1.实训资料准备

《2016 河南省房屋建筑与装饰工程预算定额》摘录

单位:元

定额编号	项目	定额单位	人工费/元	材料费/元	机械费/元	管理费和利润/元
6-4	钢屋架制作-焊接轻钢	t	1 772.82	4 382.56	543.31	730.94
6-52	钢屋架安装-1.5 t 以内	t	380.23	5 441.86	310.46	176.36
6-88	现场拼装平台摊销	t	200.08	241.46	48.87	81.32

2.实训表格

分部分项工程量清单计算表

序号	项目编码	项目名称	项目特征描述	计量单位	工程量	计算过程
1	010602001	钢屋架				

计价工程量计算表

序号	项目编码	项目名称	计量单位	数量	计算过程
1	6-4	钢屋架制作-焊接轻钢			
2	6-52	钢屋架安装-1.5 t 以内			
3	6-88	现场拼装平台摊销			

钢屋架 综合单价分析表

项目编码		项目名称		计量单位		工程量	
清单综合单价组成明细							

<table>
<tr><td rowspan="2">定额编号</td><td rowspan="2">定额项目名称</td><td rowspan="2">定额单位</td><td rowspan="2">数量</td><td colspan="4">单价/元</td><td colspan="4">合价/元</td></tr>
<tr><td>人工费</td><td>材料费</td><td>机械费</td><td>管理费和利润</td><td>人工费</td><td>材料费</td><td>机械费</td><td>管理费和利润</td></tr>
<tr><td></td><td></td><td></td><td></td><td></td><td></td><td></td><td></td><td></td><td></td><td></td><td></td></tr>
<tr><td colspan="2">人工单价</td><td colspan="10">小计</td></tr>
<tr><td colspan="2"></td><td colspan="10">未计价材料费</td></tr>
<tr><td colspan="2"></td><td colspan="10">清单项目综合单价</td></tr>
</table>

材料费明细	主要材料名称、规格、型号	单位	数量	单价/元	合价/元	暂估单价/元	暂估合价/元
	其他材料费/元						
	材料费小计/元						

学生互评

小组之间按照统一标准,对各小组回答问题、完成任务的过程及结果进行互评。

完成任务 成绩评定表

姓名:　　　　班级:　　　　学号:　　　　学习任务:　　　　组长:　　　　教师:

序号	考评项目	考核内容	分值	教师评分（权重0.6)	组长评分（权重0.2)	自我评分（权重0.2)
1	学习态度	出勤率、听课态度、实训表现等	2			
2	学习能力	课堂回答问题、完成学生工作页情况、完成练习题情况	2			
3	操作能力	计算、实操记录、作品成果质量	3			
4	团队成绩	所在小组完成任务质量、速度情况	3			
合计			10			
综合评价						

任务七　门窗工程计量与计价

⊕ 学习目标

知识目标	门窗工程定额主要说明要点;门窗工程定额计算规则;门窗工程清单计算规则;门窗工程综合单价编制
能力目标	通过对本部分内容的学习能够完成门窗工程计量与计价
思政目标	由于门窗种类较多,包括木门、金属门、金属卷帘门、厂库房大门、特种门等,门窗的类型不同直接影响门窗工程量的计算、影响门窗价格的生成等。同时,随着《中华人民共和国森林法》的颁布实施,国家加大对森林资源的保护力度,严禁乱砍滥伐以促进环境的可持续发展,因此,必须培养学生保护环境、爱护家园的家国情怀,养成学生遵纪守法、一丝不苟计算工程造价的良好习惯

⊕ 任务引领

根据附图的图纸信息,完成实训工单门窗工程计量与计价任务。

⊕ 问题导入

1.门窗工程定额说明要点。

2.门窗工程定额工程量计算规则。

3.门窗工程清单工程量计算规则。

4.门窗工程综合单价编制。

一、门窗工程定额说明要点

门窗工程定额包括木门,金属门,金属卷帘(闸)门,厂库房大门,特种门,其他门,金属窗,门钢架,门窗套,窗台板,窗帘盒、轨、门五金。

（一）木门

成品套装门安装包括门套和门扇的安装。

（二）金属门、窗

（1）铝合金成品门窗安装项目按隔热断桥铝合金型材考虑,当设计为普通铝合金型材时,按相应项目执行,其中人工乘以系数0.8。

(2)金属门连窗,门、窗应分别执行相应项目。

(3)彩板钢窗附框安装执行彩板钢门附框安装项目。

(三)金属卷帘(闸)门

(1)金属卷帘(闸)门项目是按卷帘侧装(安装在洞口内侧或外侧)考虑的,当设计为中装(安装在洞口中)时,按相应项目执行,其中人工乘以系数1.1。

(2)金属卷帘(闸)门项目是按不带活动小门考虑的,当设计为带活动小门时,按相应项目执行,其中人工乘以系数1.07,材料调整为带活动小门金属卷帘(闸)门。

(3)防火卷帘(闸)门(无机布基防火卷帘除外)按镀锌钢板卷帘(闸)门项目执行,并将材料中的镀锌钢板卷帘换为相应的防火卷帘。

(四)厂库房大门、特种门

(1)厂库房大门项目是按一、二类木种考虑的,如采用三、四类木种时:制作按相应项目执行,人工和机械乘以系数1.3;安装按相应项目执行,人工和机械乘以系数1.35。

(2)厂库房大门的钢骨架制作以钢材质量表示,已包括在定额中,不再另列项计算。

(3)厂库房大门门扇上所用铁件均已列入定额,墙、柱、楼地面等部位的预埋铁件按设计要求另按"混凝土及钢筋混凝土工程"中相应项目执行。

(4)冷藏库门、冷藏冻结间门、防辐射门安装项目包括筒子板制作安装。

(五)其他门

(1)全玻璃门扇安装项目按地弹门考虑,其中地弹簧消耗量可按实际调整。

(2)全玻璃门门框、横梁、立柱钢架的制作安装及饰面装饰,按本章门钢架相应项目执行。

(3)全玻璃门有框亮子安装按全玻璃有框门扇安装项目执行,人工乘以系数0.75,地弹簧换为膨胀螺栓,消耗量调整为277.55 个/(100 m²);无框亮子安装按固定玻璃安装项目执行。

(4)电子感应自动门传感装置、伸缩门电动装置安装已包括调试用工。

(六)门钢架、门窗套

(1)门钢架基层、面层项目未包括封边线条,设计要求时,另按"其他装饰工程"中相应线条项目执行。

(2)门窗套、门窗筒子板均执行门窗套(筒子板)项目。

(3)门窗套(筒子板)项目未包括封边线条,设计要求时,按"其他装饰工程"中相应线条项目执行。

(七)窗台板

(1)窗台板与暖气罩相连时,窗台板并入暖气罩,按"其他装饰工程"中相应暖气罩项目执行。

(2)石材窗台板安装项目按成品窗台板考虑。实际为非成品需现场加工时,石材加工另按"其他装饰工程"中石材加工相应项目执行。

(八)门五金

(1)成品木门(扇)安装项目中五金仅包含合页安装人工和合页材料费,设计要求的其他五金另按特殊五金相应项目执行。

（2）成品金属门窗、金属卷帘（闸）门、特种门、其他门安装项目包括五金安装人工,五金材料费包括在成品门窗价格中。

（3）成品全玻璃门扇安装项目中仅包括地弹簧安装的人工和材料费,设计要求的其他五金另按"门五金"一节中门特殊五金相应项目执行。

（4）厂库房大门项目均包括五金铁件安装人工,五金铁件材料费另按本章"门五金"一节中相应执行,当设计与定额取定不同时,按设计规定计算。

二、门窗工程量定额计算规则

（一）木门

（1）成品木门框安装按设计图示框的中心线长度计算。

（2）成品木门扇安装按设计图示扇面积计算。

（3）成品套装木门安装按设计图示数量计算。

（4）木质防火门安装按设计图示洞口面积计算。

（二）金属门窗

（1）铝合金门窗（飘窗、阳台封闭窗除外）、塑钢门窗均按设计图示门、窗洞口面积计算。

（2）门连窗按设计图示洞口面积分别计算门、窗面积,其中窗的宽度算至门框的外边线。

（3）纱门、纱窗扇按设计图示扇外围面积计算。

（4）飘窗、阳台封闭窗按设计图示型材外边线尺寸以展开面积计算。

（5）钢质防火门、防盗门按设计图示门洞口面积计算。

（6）防盗窗按设计图示窗框外围面积计算。

（7）彩板钢门窗按设计图示门、窗洞口面积计算。彩板钢门窗附框按框中心线长度计算。

（三）金属卷帘（闸）

金属卷帘（闸）按设计图示卷帘门宽度乘以卷帘门高度（包括卷帘箱高度）以面积计算。电动装置安装按设计图套数计算。

（四）厂库房大门、特种门

厂库房大门、特种门按设计图示门洞口面积计算。

（五）其他门

（1）全玻有框门扇按设计图示扇边框外边线尺寸以扇面积计算。

（2）全玻无框（夹条）门扇按设计图示扇面积计算,高度算至条夹外边线、宽度算至玻璃外边线。

（3）全玻无框（点夹）门扇按设计图示玻璃外边线尺寸以扇面积计算。

（4）无框亮子按设计图示门框与横梁或立柱内边缘尺寸玻璃面积计算。

（5）全玻转门按设计图示数量计算。

（6）不锈钢伸缩门按设计图示以延长米计算。

（7）传感和电动装置按设计图示套数计算。

(六)门钢架、门窗套

(1)门钢架按设计图示尺寸以质量计算。

(2)门钢架基层、面层按设计图示饰面外围尺寸展开面积计算。

(3)门窗套(筒子板)龙骨、面层、基层均按设计图示饰面外围尺寸展开面积计算。

(4)成品门窗套按设计图示饰面外围尺寸展开面积计算。

(七)窗台板、窗帘盒、轨

(1)窗台板按设计图示长度乘以宽度以面积计算。图纸未注明尺寸的,窗台板长度可按窗框的外围宽度两边共加 100 mm 计算,窗台板凸出面的宽度按面外加 50 mm 计算。

(2)窗帘盒、窗帘轨按设计图示长度计算。

三、门窗工程量清单计量规范

(一)木门

1.工程量清单信息表

木门工程量清单信息表如表 4-42 所示。

表 4-42 木门(编码:010801)

项目编码	项目名称	项目特征	计量单位	工程量计算规则	工作内容
010801001	木质门	1.门代号及洞口尺寸。2.镶嵌玻璃品种、厚度	1.樘2.m²	1.以"樘"计量,按设计图示数量计算。2.以"m²"计量,按设计图示洞口尺寸以面积计算	1.门安装。2.玻璃安装。3.五金安装
010801002	木质门带套				
010801003	木质连窗门				
010801004	木质防火门	1.门代号及洞口尺寸。2.镶嵌玻璃品种、厚度			
010801005	木门框	1.门代号及洞口尺寸。2.框截面尺寸。3.防护材料种类			1.木门框制作、安装。2.运输。3.刷防护材料
010801006	门锁安装	1.锁品种。2.锁规格	个(套)	按设计图示数量计算	安装

2.清单信息解读

(1)木质门应区分镶板木门、企口木板门、实木装饰门、胶合板门、夹板装饰门、木纱门、全玻门(带木质扇框)、木质半玻门(带木质扇框)等项目,分别编码列项。

(2)木门五金应包括折页、插销、门碰珠、弓背拉手、搭机、木螺丝、弹簧折页(自动门)、管子拉手(自由门、地弹门)、地弹簧(地弹门)、角铁、门轧头(地弹门、自由门)等。

(3)木质门带套计量按洞口尺寸以面积计算,不包括门套的面积,但门套应计算在综合单价中。

(4)以樘计量,项目特征必须描述洞口尺寸;以"m²"计量,项目特征可不描述洞口尺寸。

(5)单独制作安装木门框按木门框项目编码列项。

(二)金属门

1.工程量清单信息表

金属门工程量清单信息表如表4-43所示。

表4-43 金属门(编码:010802)

项目编码	项目名称	项目特征	计量单位	工程量计算规则	工作内容
010802001	金属(塑钢)门	1.门代号及洞口尺寸。 2.门框或扇外围尺寸。 3.门框、扇材质。 4.玻璃品种、厚度	1.樘 2.m²	1.以"樘"计量,按设计图示数量计算。 2.以"m²"计量,按设计图示洞口尺寸以面积计算	1.门安装。 2.五金安装。 3.玻璃安装
010802002	彩板门	1.门代号及洞口尺寸。 2.门框或扇外围尺寸			
010802003	钢质防火门	1.门代号及洞口尺寸。 2.门框或扇外围尺寸。 3.门框、扇材质			
010702004	防盗门	1.门代号及洞口尺寸。 2.门框或扇外围尺寸。 3.门框、扇材质			1.门安装。 2.五金安装

2.清单信息解读

(1)金属门应区分金属平开门、金属推拉门、金属地弹门、全玻门(带金属扇框)、金属半玻门(带扇框)等项目,分别编码列项。

(2)铝合金门五金包括地弹簧、门锁、拉手、门插、门铰、螺丝等。

(3)其他金属门五金包括L形执手插锁(双舌)、执手锁(单舌)、门轨头、地锁、防盗门机、门眼(猫眼)、门碰珠、电子锁(磁卡锁)、闭门器、装饰拉手等。

(4)以"樘"计量,项目特征必须描述洞口尺寸,没有洞口尺寸必须描述门框或扇外围尺寸;以"m²"计量,项目特征可不描述洞口尺寸及框、扇的外围尺寸。

(5)以"m²"计量,无设计图示洞口尺寸,按门框、扇外围以面积计算。

(三)金属卷帘(闸)门

1.工程量清单信息表

金属卷帘(闸)门工程量清单信息表如表4-44所示。

表 4-44　金属卷帘(闸)门(编码:010803)

项目编码	项目名称	项目特征	计量单位	工程量计算规则	工作内容
010803001	金属卷帘(闸)门	1.门代号及洞口尺寸。 2.门材质。 3.启动装置品种、规格	1.樘 2.m²	1.以"樘"计量,按设计图示数量计算。 2.以"m²"计量,按设计图示洞口尺寸以面积计算	1.门运输、安装。 2.启动装置、活动小门、五金安装
010803002	防火卷帘(闸)门				

2.清单信息解读

以樘计量,项目特征必须描述洞口尺寸;以"m²"计量,项目特征可不描述洞口尺寸。

(四)厂库房大门、特种门

1.工程量清单信息表

厂库房大门、特种门工程量清单信息表如表 4-45 所示。

表 4-45　厂库房大门、特种门(编码:010804)

项目编码	项目名称	项目特征	计量单位	工程量计算规则	工作内容
010804001	木板大门	1.门代号及洞口尺寸。 2.门框或扇外围尺寸。 3.门框、扇材质。 4.五金种类、规格。 5.防护材料种类	1.樘 2.m²	1.以"樘"计量,按设计图示数量计算。 2.以"m²"计量,按设计图示洞口尺寸以面积计算	1.门(骨架)制作、运输。 2.门、五金配件安装。 3.刷防护材料
010804002	钢木大门				
010804003	全钢板大门			1.以"樘"计量,按设计图示数量计算。 2.以"m²"计量,按设计图示门框或扇以面积计算	
010804004	防护铁丝门				
010804007	特种门	1.门代号及洞口尺寸。 2.门框或扇外围尺寸。 3.门框、扇材质	1.樘 2.m²	1.以"樘"计量,按设计图示数量计算。 2.以"m²"计量,按设计图示洞口尺寸以面积计算	1.门安装。 2.五金配件安装

2.清单信息解读

(1)特种门应区分冷藏门、冷冻间门、保温门、变电室门、隔音门、防射线门、人防门、金库门等项目,分别编码列项。

(2)以"樘"计量,项目特征必须描述洞口尺寸,没有洞口尺寸必须描述门框或扇外围尺寸;以平方米计量,项目特征可不描述洞口尺寸及框、扇的外围尺寸。

(3)以"m²"计量,无设计图示洞口尺寸,按门框、扇外围以面积计算。

(4)门开启方式指推拉或平开。

(五)其他门

1.工程量清单信息表

其他门工程量清单信息表如表4-46所示。

表4-46　其他门(编码:010805)

项目编码	项目名称	项目特征	计量单位	工程量计算规则	工作内容
010805001	平开电子感应门	1.门代号及洞口尺寸。 2.门框或扇外围尺寸。 3.门框、扇材质。 4.玻璃品种、厚度。 5.启动装置的品种、规格。 6.电子配件品种、规格	1.樘 2.m²	1.以"樘"计量,按设计图示数量计算。 2.以"m²"计量,按设计图示洞口尺寸以面积计算	1.门安装。 2.启动装置、五金、电子配件安装
010805002	旋转门				
010805005	全玻自由门	1.门代号及洞口尺寸。 2.门框或扇外围尺寸。 3.框材质。 4.玻璃品种、厚度	1.樘 2.m²	1.以"樘"计量,按设计图示数量计算。 2.以"m²"计量,按设计图示洞口尺寸以面积计算	1.门安装。 2.五金安装
010805006	镜面不锈钢饰面门	1.门代号及洞口尺寸。 2.门框或扇外围尺寸。 3.框、扇材质。 4.玻璃品种、厚度			

2.清单信息解读

(1)以"樘"计量,项目特征必须描述洞口尺寸,没有洞口尺寸必须描述门框或扇外围尺寸;以"m²"计量,项目特征可不描述洞口尺寸及框、扇的外围尺寸。

(2)以"m²"计量,无设计图示洞口尺寸,按门框、扇外围以面积计算。

(六)木窗

1.工程量清单信息表

木窗工程量清单信息表如表4-47所示。

表 4-47　木窗(编码:010806)

项目编码	项目名称	项目特征	计量单位	工程量计算规则	工作内容
010806001	木质窗	1.窗代号及洞口尺寸。 2.玻璃品种、厚度。 3.防护材料种类	1.樘 2.m²	1.以"樘"计量,按设计图示数量计算。 2.以"m²"计量,按设计图示洞口尺寸以面积计算	1.窗制作、运输、安装。 2.五金、玻璃安装刷防护材料
010806002	木橱窗	1.窗代号。 2.框截面及外围展开面积。 3.玻璃品种、厚度。 4.防护材料种类		1.以"樘"计量,按设计图示数量计算。 2.以"m²"计量,按设计图示尺寸以框外围展开面积计算	
010806003	木飘(凸)窗				
010806004	木质成品窗	1.窗代号及洞口尺寸。 2.玻璃品种、厚度	1.樘 2.m²	1.以"樘"计量,按设计图示数量计算。 2.以"m²"计量,按设计图示洞口尺寸以面积计算	1.窗安装。 2.五金、玻璃安装

2.清单信息解读

(1)木质窗应区分木百叶窗、木组合窗、木天窗、木固定窗、木装饰空花窗等项目,分别编码列项。

(2)以"樘"计量,项目特征必须描述洞口尺寸,没有洞口尺寸必须描述窗框外围尺寸,以"m²"计量,项目特征可不描述洞口尺寸及框的外围尺寸。

(3)以"m²"计量,无设计图示洞口尺寸,按窗框外围以面积计算。

(4)木橱窗、木飘(凸)窗以"樘"计量,项目特征必须描述框截面及外围展开面积。

(5)木窗五金包括折页、插销、风钩、木螺丝、滑轮滑轨(推拉窗)等。

(6)窗开启方式指平开、推拉、上或中悬。

(7)窗形状指矩形或异形。

(七)金属窗

1.工程量清单信息表

金属窗工程量清单信息表如表 4-48 所示。

表 4-48　金属窗(编码:010807)

项目编码	项目名称	项目特征	计量单位	工程量计算规则	工作内容
010807001	金属(塑钢、断桥)窗	1.窗代号及洞口尺寸。 2.框、扇材质。 3.玻璃品种、厚度	1.樘 2.m²	1.以"樘"计量,按设计图示数量计算。 2.以"m²"计量,按设计图示洞口尺寸以面积计算	1.窗安装。 2.五金、玻璃安装
010807002	金属防火窗				
010807003	金属百叶窗				
010807004	金属纱窗	1.窗代号及洞口尺寸。 2.框材质。 3.窗纱材料品种、规格			1.窗安装。 2.五金安装

2.清单信息解读

(1)金属窗应区分金属组合窗、防盗窗等项目,分别编码列项。

(2)以"樘"计量,项目特征必须描述洞口尺寸,没有洞口尺寸必须描述窗框外围尺寸;以"m²"计量,项目特征可不描述洞口尺寸及框的外围尺寸。

(3)以"m²"计量,无设计图示洞口尺寸,按窗框外围以面积计算。

(4)金属橱窗、飘(凸)窗以樘计量,项目特征必须描述框外围展开面积。

(5)金属窗中铝合金窗五金应包括卡锁、滑轮、铰拉、执手、拉把、拉手、风撑、角码、牛角制等。

(6)金属窗五金包括折页、螺丝、执手、卡锁、铰拉、风撑、滑轮、滑轨、拉把、拉手、角码、牛角制等。

(七)门窗套

1.工程量清单信息表

门窗套工程量清单信息表如表 4-49 所示。

表 4-49　门窗套(编码:010808)

项目编码	项目名称	项目特征	计量单位	工程量计算规则	工作内容
010808001	木门窗套	1.窗代号及洞口尺寸。 2.门窗套展开宽度。 3.基层材料种类。 4.面层材料品种、规格。 5.线条品种、规格。 6.防护材料种类	1.樘 2.m² 3.m	1.以"樘"计量,按设计图示数量计算。 2.以"m²"计量,按设计图示尺寸以展开面积计算。 3.以"m"计量,按设计图示中心以"m"计算	1.清理基层。 2.立筋制作、安装。 3.基层板安装。 4.面层铺贴。 5.线条安装。 6.刷防护材料

项目编码	项目名称	项目特征	计量单位	工程量计算规则	工作内容
010808005	石材门窗套	1.窗代号及洞口尺寸。 2.门窗套展开宽度。 3.底层厚度、砂浆配合比。 4.面层材料品种、规格。 5.线条品种、规格	1.樘 2.m² 3.m	1.以"樘"计量，按设计图示数量计算。 2.以"m²"计量，按设计图示尺寸以展开面积计算。 3.以"m"计量，按设计图示中心以延长米计算	1.清理基层。 2.立筋制作、安装。 3.基层抹灰。 4.面层铺贴。 5.线条安装
010808006	门窗木贴脸	1.门窗代号及洞口尺寸。 2.贴脸板宽度。 3.防护材料种类	1.樘 2.m	1.以"樘"计量，按设计图示数量计算。 2.以"m"计量，按设计图示尺寸以延长米计算	安装
010808007	成品木门窗套	1.窗代号及洞口尺寸。 2.门窗套展开宽度。 3.门窗套材料品种、规格	1.樘 2.m² 3.m	1.以"樘"计量，按设计图示数量计算。 2.以"m²"计量，按设计图示尺寸以展开面积计算。 3.以"m"计量，按设计图示中心以延长米计算	1.清理基层。 2.立筋制作、安装。 3.板安装

2.清单信息解读

(1)以"樘"计量，项目特征必须描述洞口尺寸、门窗套展开宽度。

(2)以"m²"计量，项目特征可不描述洞口尺寸、门窗套展开宽度。

(3)以"m"计量，项目特征必须描述门窗套展开宽度、筒子板及贴脸宽度。

(4)木门窗套适用于单独门窗套的制作、安装。

(九)窗台板

窗台板工程量清单信息表如表4-50所示。

表 4-50　窗台板（编码：010809）

项目编码	项目名称	项目特征	计量单位	工程量计算规则	工作内容
010809001	木窗台板	1.基层材料种类。 2.窗台面板材质、规格、颜色。 3.防护材料种类	m²	按设计图示尺寸以展开面积计算	1.基层清理。 2.基层制作、安装。 3.窗台板制作、安装。 4.刷防护材料
010809002	铝塑窗台板				
010809003	金属窗台板				
010809004	石材窗台板	1.黏结层厚度、砂浆配合比。 2.窗台板材质、规格、颜色			1.基层清理。 2.抹找平层。 3.窗台板制作、安装

（十）窗帘、窗帘盒、轨

1.工程量清单信息表

窗帘、窗帘盒、轨工程量清单信息表如表 4-51 所示。

表 4-51　窗帘、窗帘盒、轨（编码：010810）

项目编码	项目名称	项目特征	计量单位	工程量计算规则	工作内容
010810001	窗帘	1.窗帘材质。 2.窗帘高度、宽度。 3.窗帘层数。 4.带幔要求	1.m 2.m²	1.以"m"计量，按设计图示尺寸以成活后长度计算。 2.以"m²"计量，按图示尺寸以成活后展开面积计算	1.制作、运输。 2.安装
010810002	木窗帘盒	1.窗帘盒材质、规格。 2.防护材料种类	m	按设计图示尺寸以长度计算	1.制作、运输、安装。 2.刷防护材料
010810003	饰面夹板、塑料窗帘盒				
010810004	铝合金窗帘盒				
010810005	窗帘轨	1.窗帘轨材质、规格。 2.防护材料种类			

2.清单信息解读

（1）窗帘若是双层，项目特征必须描述每层材质。

（2）窗帘以"m"计量，项目特征必须描述窗帘高度和宽。

四、门窗工程典型计价训练

【例 4.14】 某医院卫生间胶合板门,设计尺寸如图 4-47 所示,门框断面为 55 mm×100 mm,共 10 樘,计算带小百叶胶合板门成品框扇安装工程量。

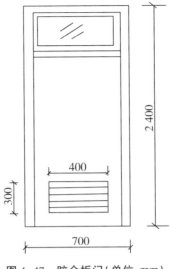

图 4-47 胶合板门(单位:mm)

解 (1)定额胶合板门框安装工程量=(0.7-0.11+2.4×2)×10=53.90 m

(2)胶合板门扇安装工程量=(0.7-0.11)×(2.4-0.11)×10=13.51 m²

实训工单七 门窗工程计量与计价

姓名：	学号：	日期：
班级组别：	组员：	

1.实训资料准备

《2016 河南省房屋建筑与装饰工程预算定额》摘录

单位:元

定额编号	项目	单位	人工费	材料费	机械费	管理费和利润
8-62	隔热断桥铝合金 普通窗安装 推拉	100 m²	2 115.58	42 438.59	—	588.87
8-54	全玻璃门扇安装 有框门扇	100 m²	4 874.76	33 802.98	—	1 356.6

2.实训表格

分部分项工程量清单计算表

序号	项目编码	项目名称	项目特征描述	计量单位	工程量	计算过程
1	010807001001	金属(塑钢、断桥)窗				
2	010802001001	金属(塑钢)门				

计价工程量计算表

序号	项目编码	项目名称	计量单位	数量	计算过程
1	8-62	隔热断桥铝合金 普通窗安装 推拉			
2	8-54	全玻璃门扇安装 有框门扇			

金属(塑钢、断桥)窗　综合单价分析表

项目编码	010807001001	项目名称	金属(塑钢、断桥)窗	计量单位			工程量		

清单综合单价组成明细

定额编号	定额项目名称	定额单位	数量	单价/元				合价/元			
				人工费	材料费	机械费	管理费和利润	人工费	材料费	机械费	管理费和利润
8-62	隔热断桥铝合金普通窗安装 推拉										
人工单价			小计								
高级技工 201 元/工日；普工 87.1 元/工日；一般技工 134 元/工日			未计价材料费								
清单项目综合单价											

材料费明细	主要材料名称、规格、型号		单位	数量	单价/元	合价/元	暂估单价/元	暂估合价/元
	铝合金推拉窗(含中空玻璃)(6+12A+6)							
	其他材料费/元					—		
	材料费小计/元					—		

金属(塑钢)门窗　综合单价分析表

项目编码	010802001001	项目名称	金属(塑钢)门	计量单位			工程量		

清单综合单价组成明细

定额编号	定额项目名称	定额单位	数量	单价/元				合价/元			
				人工费	材料费	机械费	管理费和利润	人工费	材料费	机械费	管理费和利润
8-54	全玻璃门扇安装 有框门扇										
人工单价			小计								

续表

高级技工 201 元/工日； 普工 87.1 元/工日； 一般技工 134 元/工日	未计价材料费					
清单项目综合单价						
材料费明细	主要材料名称、规格、型号	单位	数量	单价/元	合价/元	暂估单价/元	暂估合价/元
	不锈钢全玻有框门扇（6+12A+6）	m²	1				
	其他材料费/元						
	材料费小计/元						

学生互评

小组之间按照统一标准,对各小组回答问题、完成任务的过程及结果进行互评。

完成任务　成绩评定表

姓名：　　　班级：　　　学号：　　　学习任务：　　　组长：　　　教师：

序号	考评项目	考核内容	分值	教师评分（权重0.6）	组长评分（权重0.2）	自我评分（权重0.2）
1	学习态度	出勤率、听课态度、实训表现等	2			
2	学习能力	课堂回答问题、完成学生工作页情况、完成练习题情况	2			
3	操作能力	计算、实操记录、作品成果质量	3			
4	团队成绩	所在小组完成任务质量、速度情况	3			
	合计		10			
综合评价						

任务八　屋面及防水工程计量与计价

⊕ 学习目标

知识目标	屋面及防水工程定额主要说明要点；屋面及防水工程定额计算规则；屋面及防水工程清单计算规则；屋面及防水工程综合单价编制
能力目标	通过对本部分内容的学习能够完成屋面及防水工程计量与计价
思政目标	防水工程分为柔性防水和刚性防水，包括沥青玻璃纤维布、玛蹄脂玻璃纤维布、改性沥青卷材热熔法等二十余种，防水材料种类不同直接影响防水工程量的计算、防水价格的生成等。同时，随着《中华人民共和国环境保护法》的颁布实施，国家加大对防水材料使用的监管力度，坚决防止不合格防水建材流入工地，促进环境的可持续发展，因此，必须培养学生保护环境、爱护家园的家国情怀，养成学生遵纪守法、一丝不苟计算工程造价的良好习惯

⊕ 任务引领

根据附图的图纸信息，完成实训工单屋面及防水工程计量与计价任务。

⊕ 问题导入

1.屋面及防水工程定额说明要点。

2.屋面及防水工程定额工程量计算规则。

3.屋面及防水工程清单工程量计算规则。

4.屋面及防水工程综合单价编制。

一、屋面及防水工程定额说明要点

屋面及防水工程包括屋面工程和防水工程及其他。

本任务中：瓦屋面、金属板屋面、采光板屋面、玻璃采光顶、卷材防水、水落管、水口、水斗、沥青砂浆填缝、变形缝盖板、止水带等项目是按标准或常用材料编制，设计与定额不同时，材料可以换算，人工、机械不变；屋面保温等项目执行定额"保温、隔热、防腐工程"相应项目，找平层等项目执行"楼地面装饰工程"相应项目。

（一）屋面工程

（1）黏土瓦若穿铁丝钉圆钉，每 100 m² 增加 11 工日，增加镀锌低碳钢丝（22#）3.5 kg，圆钉 2.5 kg；若用挂瓦条，每 100 m² 增加 4 工日，增加挂瓦条（尺寸 25 mm×30 mm）300.3 m，圆钉 2.5 kg。

（2）金属板屋面中一般金属板屋面，执行彩钢板和彩钢夹心板项目；装配式单层金属压型板屋面区分檩距不同执行定额项目。

（3）采光板屋面如设计为滑动式采光顶，可以按设计增加 U 型滑动盖帽等部件，调整材料、人工乘以系数 1.05。

（4）膜结构屋面的钢支柱、锚固支座混凝土基础等执行其他章节相应项目。

（5）25% <坡度≤45% 及人字形、锯齿形、弧形等不规则瓦屋面，人工乘以系数 1.3；坡度>45% 的，人工乘以系数 1.43。

（二）防水工程及其他

1.防水

（1）细石混凝土防水层，使用钢筋网时，执行"混凝土及钢筋混凝土工程"中相应项目。

（2）平(屋)面以坡度≤15% 为准，15% <坡度≤25% 的，按相应项目的人工乘以系数 1.18；25% <坡度≤45% 及人字形、锯齿形、弧形等不规则屋面或平面，人工乘以系数 1.3；坡度>45% 的，人工乘以系数 1.43。

（3）防水卷材、防水涂料及防水砂浆，定额以平面和立面列项，实际施工桩头、地沟零星部位时，人工乘以系数 1.43；单个房间楼地面面积≤8 m² 时，人工乘以系数 1.3。

（4）卷材防水附加层套用卷材防水相应项目，人工乘以系数 1.43。

（5）立面是以直形为依据编制的；弧形部分，相应项目的人工乘以系数 1.18。

（6）冷黏法以满铺为依据编制的，点、条铺黏者按其相应项目的人工乘以系数 0.91，黏结剂乘以系数 0.7。

2.屋面排水

（1）水落管、水口、水斗均按材料成品、现场安装考虑。

（2）铁皮屋面及铁皮排水项目内已包括铁皮咬口和搭接的工料。

（3）采用不锈钢水落管排水时，执行镀锌钢管项目，材料按实换算，人工乘以系数 1.1。

3.变形缝与止水带

（1）变形缝嵌填缝定额项目中，建筑油膏、聚氯乙烯胶泥设计断面取定为 30 mm×20 mm；油浸木丝板取定为 150 mm×25 mm；其他填料取定为 150 mm×30 mm。

（2）变形缝盖板、木盖板断面取定为 200 mm×25 mm；铝合金盖板厚度取定为 1 mm；不锈钢板厚度取定为 1 mm。

（3）钢板(紫铜板)止水带展开宽度为 400 mm；氯丁胶宽度为 300 mm；涂刷式氯丁胶贴玻璃纤维止水片宽度为 350 mm。

二、屋面及防水工程量定额计算规则

(一)屋面工程

(1)各种屋面和型材屋面(包括挑檐部分)均按设计图示尺寸以面积计算(斜屋面按斜面面积计算)。不扣除房上烟囱、风帽底座、风道、小气窗、斜沟和脊瓦等所占面积,小气窗的出檐部分也不增加。

(2)西班牙瓦、瓷质波形瓦、英红瓦屋面的正斜脊瓦、檐口线,按设计图示尺寸以长度计算。

(3)采光板屋面和玻璃采光顶屋面按设计图示尺寸以面积计算,不扣除面积≤0.3 m² 孔洞所占面积。

(4)膜结构屋面按设计图示尺寸以需要覆盖的水平投影面积计算;膜材料可以调整含量。

(二)防水工程及其他

1.防水

(1)屋面防水,按设计图示尺寸以面积计算(斜屋面按斜面面积计算),不扣除房上烟囱、风帽底座、风道、屋面小气窗等所占面积,上翻部分也不另计算;屋面的女儿墙、伸缩缝和天窗等处的弯起部分,按设计图示尺寸计算;设计无规定时,伸缩缝、女儿墙、天窗的弯起部分按 500 mm 计算,计入立面工程量内。

(2)楼地面防水、防潮层按设计图示尺寸以主墙间净面积计算,扣除凸出地面的构筑物、设备基础等所占面积,不扣除间壁墙及单个面积≤0.3 m² 柱、垛、烟囱和孔洞所占面积。平面与立面交接处,上翻高度≤300 mm 时,按展开面积并入平面工程量内计算,高度>300 mm 时,按立面防水层计算。

(3)墙基防水、防潮层,外墙按外墙中心线长度、内墙按墙体净长度乘以宽度,以面积计算。

(4)墙的立面防水、防潮层,不论内墙、外墙,均按设计图示尺寸以面积计算。

(5)基础底板的防水、防潮层按设计图示尺寸以面积计算,不扣除桩头所占的面积。桩头处外包防水按桩头投影外扩 300 mm 以面积计算,地沟处防水按展开面积计算,均计入平面工程量,执行相应规定。

(6)屋面、楼地面及墙面、基础底板等,其防水搭接、拼缝、压边、留槎用量已综合考虑,不另行计算,卷材防水附加层按设计铺贴尺寸以面积计算。

(7)卷材防水附加层按设计规范相关规定以面积计算。

(8)屋面分格缝,按设计图示尺寸,以长度计算。

2.屋面排水

(1)水落管、镀锌铁皮天沟、檐沟按设计图示尺寸,以长度计算。

(2)水斗、下水口、雨水口、弯头、短管等均以设计数量计算。

(3)种植屋面排水按设计尺寸以铺设排水层面积计算;不扣除房上烟囱、风帽底座、风道、屋面小气窗、斜沟和脊瓦等所占面积,以及面积≤0.3 m² 的孔洞所占面积;屋面小气窗的出檐与屋面重叠部分也不增加。

3.变形缝与止水带

变形缝(嵌填缝与盖板)与止水带按设计图示尺寸,以长度计算。

三、屋面及防水工程量清单计量规范

(一)瓦、型材及其他屋面

1.工程量清单信息表

瓦、型材及其他屋面工程量清单信息表如表4-52所示。

表4-52 瓦、型材及其他屋面(编码:010901)

项目编码	项目名称	项目特征	计量单位	工程量计算规则	工作内容
010901001	瓦屋面	1.瓦品种、规格。 2.黏结层砂浆的配合比	m²	按设计图示尺寸以斜面积计算。 不扣除房上烟囱、风帽底座、风道、小气窗、斜沟等所占面积。小气窗的出檐部分不增加面积	1.砂浆制作、运输、摊铺、养护。 2.安瓦、作瓦脊
010901002	型材屋面	1.型材品种、规格。 2.金属檩条材料品种、规格。 3.接缝、嵌缝材料种类			1.檩条制作、运输、安装。 2.屋面型材安装。 3.接缝、嵌缝
010901003	阳光板屋面	1.阳光板品种、规格。 2.骨架材料品种、规格。 3.接缝、嵌缝材料种类。 4.油漆品种、刷漆遍数		按设计图示尺寸以斜面积计算。 不扣除屋面面积≤0.3 m²孔洞所占面积	1.骨架制作、运输、安装、刷防护材料、油漆。 2.阳光板安装。 3.接缝、嵌缝
010901004	玻璃钢屋面	1.玻璃钢品种、规格。 2.骨架材料品种、规格。 3.玻璃钢固定方式。 4.接缝、嵌缝材料种类。 5.油漆品种、刷漆遍数			1.骨架制作、运输、安装、刷防护材料、油漆。 2.玻璃钢制作、安装。 3.接缝、嵌缝
010901005	膜结构屋面	1.膜布品种、规格。 2.支柱(网架)钢材品种、规格。 3.钢丝绳品种、规格。 4.锚固基座做法。 5.油漆品种、刷漆遍数		按设计图示尺寸以需要覆盖的水平投影面积计算	1.膜布热压胶接。 2.支柱(网架)制作、安装。 3.膜布安装。 4.穿钢丝绳、锚头锚固。 5.锚固基座挖土、回填。 6.刷防护材料,油漆

2.清单信息解读

(1)瓦屋面若是在木基层上铺瓦,项目特征不必描述黏结层砂浆的配合比,瓦屋面铺防水层,按屋面防水及其他中相关项目编码列项。

（2）型材屋面、阳光板屋面、玻璃钢屋面的柱、梁、屋架,按金属结构工程、木结构工程中相关项目编码列项。

（二）屋面防水及其他

1.工程量清单信息表

屋面防水及其他工程量清单信息表如表4-53所示。

表4-53　屋面防水及其他(编码:010902)

项目编码	项目名称	项目特征	计量单位	工程量计算规则	工作内容
010902001	屋面卷材防水	1.卷材品种、规格、厚度。 2.防水层数。 3.防水层做法	m²	按设计图示尺寸以面积计算。 1.斜屋顶(不包括平屋顶找坡)按斜面积计算,平屋顶按水平投影面积计算。 2.不扣除房上烟囱、风帽底座、风道、屋面小气窗和斜沟所占面积。 3.屋面的女儿墙、伸缩缝和天窗等处的弯起部分,并入屋面工程量内	1.基层处理。 2.刷底油。 3.铺油毡卷材、接缝
010902002	屋面涂膜防水	1.防水膜品种。 2.涂膜厚度、遍数。 3.增强材料种类			1.基层处理。 2.刷基层处理剂。 3.铺布、喷涂防水层
010902003	屋面刚性层	1.刚性层厚度。 2.混凝土强度等级。 3.嵌缝材料种类。 4.钢筋规格、型号		按设计图示尺寸以面积计算。不扣除房上烟囱、风帽底座、风道等所占面积	1.基层处理。 2.混凝土制作、运输、铺筑、养护。 3.钢筋制安
010902004	屋面排水管	1.排水管品种、规格。 2.雨水斗、山墙出水口品种、规格。 3.接缝、嵌缝材料种类。 4.油漆品种、刷漆遍数	m	按设计图示尺寸以长度计算。如设计未标注尺寸,以檐口至设计室外散水上表面垂直距离计算	1.排水管及配件安装、固定。 2.雨水斗、山墙出水口、雨水箅子安装。 3.接缝、嵌缝。 4.刷漆

2.清单信息解读

（1）屋面刚性层防水,按屋面卷材防水、屋面涂膜防水项目编码列项;屋面刚性层无钢筋,其钢筋项目特征不必描述。

建筑工程计量与计价

（2）屋面找平层按楼地面装饰工程"平面砂浆找平层"项目编码列项。

（3）屋面防水搭接及附加层用量不另行计算,在综合单价中考虑。

（4）屋面保温找坡层按保温、隔热、防腐工程"保温隔热屋面"项目编码列项。

（三）墙面防水、防潮

1.工程量清单信息表

墙面防水、防潮工程量清单信息表如表4-54所示。

表4-54 墙面防水、防潮(编码:010903)

项目编码	项目名称	项目特征	计量单位	工程量计算规则	工作内容
010903001	墙面卷材防水	1.卷材品种、规格、厚度。 2.防水层数。 3.防水层做法	m²	按设计图示尺寸以面积计算	1.基层处理。 2.刷黏结剂。 3.铺防水卷材。 4.接缝、嵌缝
010903002	墙面涂膜防水	1.防水膜品种。 2.涂膜厚度、遍数。 3.增强材料种类			1.基层处理。 2.刷基层处理剂。 3.铺布、喷涂防水层
010903003	墙面砂浆防水（防潮）	1.防水层做法。 2.砂浆厚度、配合比。 3.钢丝网规格			1.基层处理。 2.挂钢丝网片。 3.设置分格缝。 4.砂浆制作、运输、摊铺、养护
010903004	墙面变形缝	1.嵌缝材料种类。 2.止水带材料种类。 3.盖缝材料。 4.防护材料种类	m	按设计图示以长度计算	1.清缝。 2.填塞防水材料。 3.止水带安装。 4.盖缝制作、安装。 5.刷防护材料

2.清单信息解读

（1）墙面防水搭接及附加层用量不另行计算,在综合单价中考虑。

（2）墙面变形缝,若做双面,工程量乘系数2。

（3）墙面找平层按墙、柱面装饰与隔断、幕墙工程"立面砂浆找平层"项目编码列项。

（四）楼（地）面防水、防潮

1.工程量清单信息表

楼（地）面防水、防潮工程量清单信息表如表4-55所示。

表4-55　楼（地）面防水、防潮（编码：010904）

项目编码	项目名称	项目特征	计量单位	工程量计算规则	工作内容
010904001	楼（地）面卷材防水	1.卷材品种、规格、厚度。 2.防水层数。 3.防水层做法	m²	按设计图示尺寸以面积计算。 1.楼（地）面防水：按主墙间净空面积计算，扣除凸出地面的构筑物、设备基础等所占面积，不扣除间壁墙及单个面积≤0.3 m²柱、垛、烟囱和孔洞所占面积。 2.楼（地）面防水反边高度≤300 mm算作地面防水，反边高度>300 mm算作墙面防水	1.基层处理。 2.刷黏结剂。 3.铺防水卷材。 4.接缝、嵌缝
010904002	楼（地）面涂膜防水	1.防水膜品种。 2.涂膜厚度、遍数。 3.增强材料种类			1.基层处理。 2.刷基层处理剂。 3.铺布、喷涂防水层
010904003	楼（地）面砂浆防水（防潮）	1.防水层做法。 2.砂浆厚度、配合比			1.基层处理。 2.砂浆制作、运输、摊铺、养护
010904004	楼（地）面变形缝	1.嵌缝材料种类。 2.止水带材料种类。 3.盖缝材料。 4.防护材料种类	m	按设计图示以长度计算	1.清缝。 2.填塞防水材料。 3.止水带安装。 4.盖缝制作、安装。 5.刷防护材料

2.清单信息解读

（1）楼（地）面防水找平层按楼地面装饰工程"平面砂浆找平层"项目编码列项。

（2）楼（地）面防水搭接及附加层用量不另行计算，在综合单价中考虑。

四、屋面及防水工程典型训练

【例4.15】　某幼儿园屋面防水采用聚氯乙烯卷材（冷粘法）一层，女儿墙与楼梯间出屋面墙交接处卷材弯起高度取250 mm，防水附加层伸入屋面长度为250 mm，屋面平面图与檐口节点详图如图4-48所示，图中尺寸均为轴线间尺寸。试计算该幼儿园卷材屋面工程量。

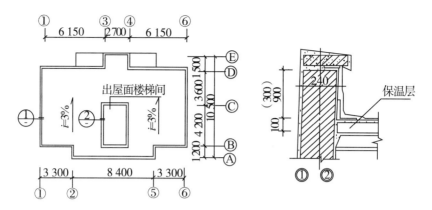

图 4-48 某幼儿园屋面平面图与檐口节点详图(单位:mm)

解 (1)计算屋面卷材工程量。

水平投影面积 $S_1 = (3.3×2+8.4-0.24)×(4.2+3.6-0.24)+(8.4-0.24)×1.2+$
$(2.7-0.24)×1.5-(4.2+2.7)×2×0.24$
$= 14.76×7.56+8.16×1.2+2.46×1.5-3.31$
$= 121.76 \ m^2$

弯起部分面积 $S_2 = [(14.76+7.56)×2+1.2×2+1.5×2]×0.25+(4.2+0.24+2.7+0.24)×$
$2×0.25+(4.2-0.24+2.7-0.24)×2×0.25$
$= 12.51+3.69+3.21$
$= 19.41 \ m^2$

屋面卷材总面积 $S = S_1+S_2 = 121.76+19.41 = 141.17 \ m^2$

(2)防水附加层工程量 $= 2S_2 = 2×19.41 = 38.82 \ m^2$

实训工单八　屋面及防水工程计量与计价

姓名:	学号:	日期:
班级组别:	组员:	

1.实训资料准备

《2016 河南省房屋建筑与装饰工程预算定额》摘录

单位:元

定额编号	项目	单位	人工费/元	材料费/元	机械费/元	管理费和利润/元
11-15	平面砂浆找平层 混凝土或硬基层上 20 mm	100 m²	1 023.59	1 048.68	76.06	261.93
10-13 10-14	屋面 水泥珍珠岩 厚度 100 mm 实际厚度 193 mm	100 m²	1 646.5	6 150.45	—	447.27
11-16	平面砂浆找平层 填充材料上 20 mm	100 m²	1 223.41	1 310.31	95.07	313.75
10-37 换	屋面干铺聚苯乙烯板 厚度 50mm	100 m²	285.56	1 982.88	—	77.5
11-18	细石混凝土地面找平层 30 mm	100 m²	1 444.49	1 289.91	—	352.97
9-31	卷材防水 改性沥青卷材 热熔法一层平面	100 m²	286.84	3 904.32	—	85.02
9-34	卷材防水 改性沥青卷材 热熔法一层平面 卷材防水附加层 人工×1.43	100 m²	410.17	3 904.32	—	85.02
补子目 1	0.4 mm 厚聚乙烯膜一层	m²	—	2		
借 2-4-2	人行道板安砌、砂垫层、规格 25 cm×25 cm×5 cm	100 m²	1 115.39	3 361.37	—	576.88

2.实训表格

分部分项工程量清单计算表

序号	项目编码	项目名称	项目特征描述	计量单位	工程量	计算过程
1	010902001001	屋面卷材防水				

计价工程量计算表

序号	项目编码	项目名称	计量单位	数量	计算过程
1	11-15	平面砂浆找平层 混凝土或硬基层上 20 mm			

序号	项目编码	项目名称	计量单位	数量	计算过程
2	10-13 10-14	屋面 水泥珍珠岩 厚度 100 mm 实际厚度 193 mm			
3	11-16	平面砂浆找平层 填充材料上 20 mm			
4	10-37 换	屋面 干铺聚苯乙烯板 厚度 40 mm			
5	11-18	细石混凝土地面找平层 30 mm			
6	9-31	卷材防水、改性沥青卷材、热熔法一层平面			
7	9-29	卷材防水、改性沥青卷材、热熔法一层平面、卷材防水附加层 人工×1.43			
8	补子目1	0.4 mm 厚聚乙烯膜一层			
9	借 2-4-2	人行道板安砌 砂垫层 规格 25 cm×25 cm×5 cm			

屋面卷材防水 综合单价分析表

| 项目编码 | 010902001001 | 项目名称 | 屋面卷材防水 | 计量单位 | | 工程量 | |

清单综合单价组成明细

定额编号	定额项目名称	定额单位	数量	单价/元				合价/元			
				人工费	材料费	机械费	管理费和利润	人工费	材料费	机械费	管理费和利润
11-15	平面砂浆找平层 混凝土或硬基层上 20 mm										
10-13 10-14	屋面 水泥珍珠岩 厚度 100 mm 实际厚度 193 mm										
11-16	平面砂浆找平层 填充材料上 20 mm										
10-37 换	屋面 干铺聚苯乙烯板 厚度 40 mm										
11-18	细石混凝土地面找平层 30 mm										

定额编号	定额项目名称	定额单位	数量	单价/元				合价/元			
				人工费	材料费	机械费	管理费和利润	人工费	材料费	机械费	管理费和利润
9-31	卷材防水 改性沥青卷材 热熔法一层 平面										
9-29	卷材防水 改性沥青卷材 热熔法一层 平面 卷材防水附加层 人工×1.43										
补子目1	0.4厚聚乙烯膜一层										
借2-4-2	人行道板安砌 砂垫层 规格25 cm×25 cm×5 cm										

人工单价	小计
高级技工201元/工日；普工87.1元/工日；一般技工134元/工日	未计价材料费

清单项目综合单价	

材料费明细	主要材料名称、规格、型号	单位	数量	单价/元	合价/元	暂估单价/元	暂估合价/元
	干混地面砂浆 DS M20						
	SBS改性沥青防水卷材 4厚						
	珍珠岩						
	其他材料费/元						
	材料费小计/元						

 学生互评

小组之间按照统一标准,对各小组回答问题、完成任务的过程及结果进行互评。

完成任务　成绩评定表

姓名：　　　　班级：　　　　学号：　　　　学习任务：　　　　组长：　　　　教师：

序号	考评项目	考核内容	分值	教师评分 （权重0.6）	组长评分 （权重0.2）	自我评分 （权重0.2）
1	学习态度	出勤率、听课态度、实训表现等	2			
2	学习能力	课堂回答问题、完成学生工作页情况、完成练习题情况	2			
3	操作能力	计算、实操记录、作品成果质量	3			
4	团队成绩	所在小组完成任务质量、速度情况	3			
		合计	10			
综合评价						

任务九　防腐、隔热、保温工程计量与计价

学习目标

知识目标	防腐、隔热、保温工程定额说明要点;防腐、隔热、保温工程定额计算规则;防腐、隔热、保温工程清单计算规则;防腐、隔热、保温工程综合单价编制
能力目标	通过对本部分内容的学习能够完成防腐、隔热、保温工程计量与计价
思政目标	保温、隔热工程分为混凝土板上保温、混凝土板上架空隔热、天棚保温、立面保温等。例如混凝土板上保温分为沥青珍珠岩块、憎水珍珠岩块等 20 余种,保温、隔热材料种类不同直接影响保温、隔热工程量的计算,影响保温、隔热价格的生成等。同时,随着《中华人民共和国环境保护法》的颁布实施,国家加大对保温材料使用的监管力度,坚决防止不合格保温建材流入工地,促进环境的可持续发展,因此,必须培养学生保护环境、爱护家园的家国情怀,养成学生遵纪守法、一丝不苟计算工程造价的良好习惯

任务引领

根据附图的图纸信息,完成实训工单防腐、隔热、保温工程计量与计价任务。

问题导入

1.防腐、隔热、保温工程定额说明要点。
2.防腐、隔热、保温工程定额工程量计算规则。
3.防腐、隔热、保温工程清单工程量计算规则。
4.防腐、隔热、保温工程综合单价编制。

一、防腐、隔热、保温工程定额说明要点

防腐、隔热、保温工程定额包括保温、隔热,防腐,其他防腐。

(一)保温、隔热工程

(1)保温层的保温材料配合比、材质、厚度与设计不同时,可以换算。

(2)弧形墙墙面保温隔热层,按相应项目的人工乘以系数 1.1。

（3）柱面保温根据墙面保温定额项目人工乘以系数 1.19、材料乘以系数 1.04。

（4）墙面岩棉板保温、聚苯乙烯板保温及保温装饰一体板保温如使用钢骨架,钢骨架按"墙、柱面装饰与隔断、幕墙工程"相应项目执行。

（5）抗裂保护层工程如采用塑料膨胀螺栓固定时,每 1 m² 增加人工 0.03 工日和塑料膨胀螺栓 6.12 套。

（6）保温隔热材料应根据设计规范,必须达到国家规定要求的等级标准。

（二）防腐工程

（1）各种胶泥、砂浆、混凝土配合比以及各种整体面层的厚度,如设计与定额不同时,可以换算。定额已综合考虑了各种块料面层的结合层、黏结料厚度及灰缝宽度。

（2）花岗岩面层以六面剁斧的块料为准,结合层厚度为 15 mm,如板底为毛面时,其结合层胶结料用量按设计厚度调整。

（3）整体面层踢脚板按整体面层相应项目执行;块料面层踢脚板按立面砌块相应项目人工乘以系数 1.2。

（4）环氧自流平洁净地面中间层（刮腻子）按每层 1 mm 厚度考虑,如设计要求厚度不同时,按厚度可以调整。

（5）卷材防腐接缝、附加层、收头工料已包括在定额内,不再另行计算。

（6）块料防腐中面层材料的规格、材质与设计不同时,可以换算。

二、防腐、隔热、保温工程量定额计算规则

（一）保温隔热工程

（1）屋面保温隔热层工程量按设计图示尺寸以面积计算,扣除>0.3 m² 孔洞所占面积,其他项目按设计图示尺寸以定额项目规定的计量单位计算。

（2）天棚保温隔热层工程量按设计图示尺寸以面积计算,扣除面积>0.3 m² 柱、垛、孔洞所占面积。与天棚相连的梁按展开面积计算,其工程量并入天棚内。

（3）墙面保温隔热层工程量按设计图示尺寸以面积计算,扣除门窗洞口及面积>0.3 m² 梁、孔洞所占面积;门窗洞口侧壁以及与墙相连的柱,并入保温墙体工程量内。墙体及混凝土板下铺贴隔热层不扣除木框架及木龙骨的体积。其中外墙按隔热层中心线长度计算,内墙按隔热层净长度计算。

（4）柱、梁保温隔热层工程量按设计图示尺寸以面积计算。柱按设计图示柱断面保温层中心线展开长度乘以高度以面积计算,扣除面积>0.3 m² 梁所占面积。梁按设计图示梁断面保温层中心线展开长度乘以保温层长度以面积计算。

（5）地面保温隔热层工程量按设计图示尺寸以面积计算,扣除柱、垛及单个>0.3 m² 孔洞所占面积。

（6）其他保温隔热层工程量按设计图示尺寸以展开面积计算,扣除面积>0.3 m² 孔洞及占位面积。

（7）大于 0.3 m² 孔洞侧壁周围及梁头、连系梁等其他零星工程保温隔热层工程量,并入墙

面的保温隔热工程量内。

（8）柱帽保温隔热层，并入天棚保温隔热层工程量内。

（9）保温层排气管按设计图示尺寸以长度计算，不扣除管件所占长度，保温层排气孔以数量计算。

（10）防火隔离带工程量按设计图示尺寸以面积计算。

（二）防腐工程

（1）防腐工程面层、隔离层及防腐油漆工程量均按设计图示尺寸以面积计算。

（2）平面防腐工程量应扣除凸出地面的构筑物、设备基础等以及面积>0.3 m² 孔洞、柱等所占面积，门洞、空圈、暖气包槽、壁龛的开口部分不增加面积。

（3）立面防腐工程量应扣除门、窗、洞口以及面积>0.3 m² 孔洞、梁所占面积，门、窗、洞口侧壁垛凸出部分按展开面积并入墙面内。

（4）池、槽块料防腐面层工程量按设计图示尺寸以展开面积计算。

（5）砌筑沥青浸渍砖工程量按设计图示尺寸以面积计算。

（6）踢脚板防腐工程量按设计图示长度乘以高度以面积计算，扣除门洞所占面积，并相应增加侧壁展开面积。

（7）混凝土面及抹灰面防腐按设计图示尺寸以面积计算。

三、防腐、隔热、保温工程量清单计量规范

（一）保温、隔热

1.工程量清单信息表

保温、隔热工程量清单信息表如表 4-56 所示。

表 4-56　保温、隔热（编码:011001）

项目编码	项目名称	项目特征	计量单位	工程量计算规则	工作内容
011001001	保温隔热屋面	1.保温隔热材料品种、规格、厚度。 2.隔气层材料品种、厚度。 3.黏结材料种类、做法。 4.防护材料种类、做法。	m²	按设计图示尺寸以面积计算。扣除面积>0.3 m² 孔洞及占位面积	1.基层清理。 2.刷黏结材料。 3.铺粘保温层。 4.铺、刷（喷）防护材料
011001002	保温隔热天棚	1.保温隔热面层材料品种、规格、性能。 2.保温隔热材料品种、规格及厚度。 3.黏结材料种类及做法。 4.防护材料种类及做法		按设计图示尺寸以面积计算。扣除面积>0.3 m² 上柱、垛、孔洞所占面积	

项目编码	项目名称	项目特征	计量单位	工程量计算规则	工作内容
011001003	保温隔热墙面	1.保温隔热部位。 2.保温隔热方式。 3.踢脚线、勒脚线保温做法。 4.龙骨材料品种、规格。 5.保温隔热面层材料品种、规格、性能。 6.保温隔热材料品种、规格及厚度。 7.增强网及抗裂防水砂浆种类。 8.黏结材料种类及做法。 9.防护材料种类及做法	m²	按设计图示尺寸以面积计算。扣除门窗洞口以及面积>0.3 m² 梁、孔洞所占面积;门窗洞口侧壁需作保温时,并入保温墙体工程量内	1.基层清理。 2.刷界面剂。 3.安装龙骨。 4.填贴保温材料。 5.保温板安装。 6.粘贴面层。 7.铺设增强格网、抹抗裂、防水砂浆面层。 8.嵌缝。 9.铺、刷(喷)防护材料
011001004	保温柱、梁			按设计图示尺寸以面积计算。 1.柱按设计图示柱断面保温层中心线展开长度乘保温层高度以面积计算,扣除面积>0.3 m² 梁所占面积。 2.梁按设计图示梁断面保温层中心线展开长度乘保温层长度以面积计算	
011001005	保温隔热楼地面	1.保温隔热部位。 2.保温隔热材料品种、规格、厚度。 3.隔气层材料品种、厚度。 4.黏结材料种类、做法。 5.防护材料种类、做法	m²	按设计图示尺寸以面积计算。扣除面积>0.3 m² 柱、垛、孔洞所占面积	1.基层清理。 2.刷黏结材料。 3.铺粘保温层。 4.铺、刷(喷)防护材料

2.清单信息解读

(1)保温隔热装饰面层,按相关项目编码列项;仅做找平层按"平面砂浆找平层"或"立面砂浆找平层"项目编码列项。

(2)柱帽保温隔热应并入天棚保温隔热工程量内。

(3)池槽保温隔热应按其他保温隔热项目编码列项。

(4)保温隔热方式指内保温、外保温、夹心保温。

(5)保温柱、梁适用于不与墙、天棚相连的独立柱、梁。

(二)防腐面层

1.工程量清单信息表

防腐面层工程量清单信息表如表4-57所示。

表4-57　防腐面层(编码:011002)

项目编码	项目名称	项目特征	计量单位	工程量计算规则	工作内容
011002001	防腐混凝土面层	1.防腐部位。 2.面层厚度。 3.混凝土种类。 4.胶泥种类、配合比	m²	按设计图示尺寸以面积计算。 1.平面防腐:扣除凸出地面的构筑物、设备基础等以及面积>0.3 m² 孔洞、柱、垛所占面积。 2.立面防腐:扣除门、窗、洞口以及面积>0.3 m² 孔洞、梁所占面积,门、窗、洞口侧壁、垛突出部分按展开面积并入墙面积内	1.基层清理。 2.基层刷稀胶泥。 3.混凝土制作、运输、摊铺、养护
011002002	防腐砂浆面层	1.防腐部位。 2.面层厚度。 3.砂浆、胶泥种类、配合比	m²	按设计图示尺寸以面积计算。 1.平面防腐:扣除凸出地面的构筑物、设备基础等以及面积>0.3 m² 孔洞、柱、垛所占面积。 2.立面防腐:扣除门、窗、洞口以及面积>0.3 m² 孔洞、梁所占面积,门、窗、洞口侧壁、垛突出部分按展开面积并入墙面积内	1.基层清理。 2.基层刷稀胶泥。 3.砂浆制作、运输、摊铺、养护
011002003	防腐胶泥面层	1.防腐部位。 2.面层厚度。 3.胶泥种类、配合比			1.基层清理。 2.胶泥调制、摊铺
011002004	玻璃钢防腐面层	1.防腐部位。 2.玻璃钢种类。 3.贴布材料的种类、层数。 4.面层材料品种			1.基层清理。 2.刷底漆、刮腻子。 3.胶浆配制、涂刷。 4.黏布、涂刷面层

2.清单信息解读

防腐踢脚线,应按楼地面装饰工程"踢脚线"项目编码列项。

（三）其他防腐

1.工程量清单信息表

其他防腐工程量清单信息表如表4-58所示。

表4-58　其他防腐（编码：011003）

项目编码	项目名称	项目特征	计量单位	工程量计算规则	工作内容
011003001	隔离层	1.隔离层部位。 2.隔离层材料品种。 3.隔离层做法。 4.粘贴材料种类	m²	按设计图示尺寸以面积计算。 1.平面防腐：扣除凸出地面的构筑物、设备基础等以及面积>0.3 m²孔洞、柱、垛所占面积。 2.立面防腐：扣除门、窗、洞口以及面积>0.3 m²孔洞、梁所占面积，门、窗、洞口侧壁、垛突出部分按展开面积并入墙面积内	1.基层清理、刷油。 2.煮沥青。 3.胶泥调制。 4.隔离层铺设
011003002	砌筑沥青浸渍砖	1.砌筑部位。 2.浸渍砖规格。 3.胶泥种类。 4.浸渍砖砌法	m³	按设计图示尺寸以体积计算	1.基层清理。 2.胶泥调制。 3.浸渍砖铺砌
011003003	防腐涂料	1.涂刷部位。 2.基层材料类型。 3.刮腻子的种类、遍数。 4.涂料品种、刷涂遍数	m²	按设计图示尺寸以面积计算。 1.平面防腐：扣除凸出地面的构筑物、设备基础等以及面积>0.3 m²孔洞、柱、垛所占面积。 2.立面防腐：扣除门、窗、洞口以及面积>0.3 m²孔洞、梁所占面积，门、窗、洞口侧壁、垛突出部分按展开面积并入墙面积内	1.基层清理。 2.刮腻子。 3.刷涂料

2.清单信息解读

浸渍砖砌法指平砌、立砌。

四、防腐、隔热、保温工程典型训练

【例4.16】　某公厕工程如图4-49所示,该工程外墙保温做法:①清理基层;②刷界面砂浆5 mm;③刷30 mm厚胶粉聚苯颗粒;④门窗边做保温宽度为120 mm。计算工程量。

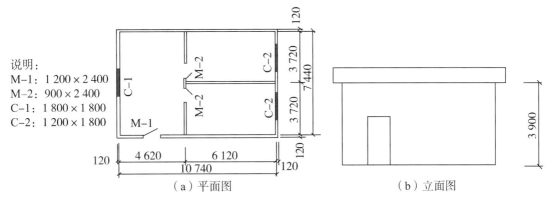

说明:
M-1: 1 200×2 400
M-2: 900×2 400
C-1: 1 800×1 800
C-2: 1 200×1 800

（a）平面图　　　　（b）立面图

图4-49　某公厕工程(单位:mm)

解　墙面保温面积=$[(10.74+0.24+0.03)+(7.44+0.24+0.03)]×2×3.90-$
$(1.2×2.4+1.8×1.8+1.2×1.8×2)$
$=135.58$ m^2

门窗侧边保温面积=$[(1.8+1.8)×2+(1.2+1.8)×4+(2.4×2+1.2)]×0.12=3.02$ m^2

外墙保温总面积=$135.58+3.02=138.60$ m^2

实训工单九　防腐、隔热、保温工程计量与计价

姓名：	学号：	日期：
班级组别：	组员：	

实训表格

计价工程量计算表

序号	项目编码	项目名称	计量单位	数量	计算过程

分部分项工程量清单计算表

序号	项目编码	项目名称	项目特征描述	计量单位	工程量	计算过程

综合单价分析表

项目编码		项目名称		计量单位		工程量	
清单综合单价组成明细							

定额编号	定额名称	定额单位	数量	单价/元				合价/元			
				人工费	材料费	机械费	管理费和利润	人工费	材料费	机械费	管理费和利润

人工单价		小计	
		未计价材料费	
清单项目综合单价/(元·m⁻³)			

材料费明细	主要材料名称、规格、型号	单位	数量	单价/元	合价/元	暂估单价/元	暂估合价/元
	其他材料费/元						
	材料费小计/元						

学生互评

小组之间按照统一标准,对各小组回答问题、完成任务的过程及结果进行互评。

完成任务　成绩评定表

姓名:　　　班级:　　　学号:　　　学习任务:　　　组长:　　　教师:

序号	考评项目	考核内容	分值	教师评分(权重 0.6)	组长评分(权重 0.2)	自我评分(权重 0.2)
1	学习态度	出勤率、听课态度、实训表现等	2			
2	学习能力	课堂回答问题、完成学生工作页情况、完成练习题情况	2			
3	操作能力	计算、实操记录、作品成果质量	3			
4	团队成绩	所在小组完成任务质量、速度情况	3			
		合计	10			
综合评价						

任务十　措施项目计量与计价

◈ 学习目标

知识目标	措施项目定额说明要点；措施项目定额计算规则；措施项目清单计算规则；措施项目综合单价编制
能力目标	通过对本部分内容的学习能够完成措施项目计量与计价
思政目标	铝合金模板是一种新型建筑模板支撑系统,具有标准化程度高、质量轻、施工周期短、稳定性好、方便、快捷、美观、混凝土效果好、现场施工文明、低碳环保等优势,是模板工程实现绿色施工的绝佳选择,在我国越来越得到广泛的应用。因此,学生需要培养坚守"节约能源共创美丽新世界"的信念,将先进材料推广应用到工程中

◈ 任务引领

根据附图的图纸信息,完成实训工单措施项目计量与计价任务。

◈ 问题导入

1.措施项目定额说明要点。

2.措施项目定额工程量计算规则。

3.措施项目清单工程量计算规则。

4.措施项目综合单价编制。

一、措施项目定额说明要点

措施项目定额包括脚手架工程,垂直运输,建筑物超高增加费,大型机械设备进出场及安拆,施工排水、降水。

建筑物檐高以设计室外地坪至檐口滴水高度(平屋顶系指屋面板板底高度,斜屋面系指外墙外边线与斜屋面板底的交点)为准。突出主体建筑屋顶的楼梯间、电梯间、水箱间、屋面天窗等不计入檐口高度之内。

同一建筑物有不同檐高时,按建筑物的不同檐高纵向分格,分别计算建筑面积,并按各自的檐高执行相应项目。建筑物的多种结构,按不同结构分别计算。

（一）脚手架工程

1.一般说明

（1）本任务脚手架措施项目是指施工需要的脚手架搭、拆、运输及脚手架摊销的工料消耗。

（2）本任务脚手架措施项目材料均按钢管式脚手架编制。

（3）各项脚手架消耗量中包括脚手架基础加固。基础加固是指脚手架立杆下端以下或脚手架底座下皮以下的一切做法。

（4）高度在 3.6 m 以外，墙面装饰不能利用原砌筑脚手架时，可计算装饰脚手架。装饰脚手架执行双排脚手架定额乘以系数 0.3。

2.综合脚手架

（1）综合脚手架：适用于能够按"建筑工程建筑面积计算规范"计算建筑面积的建筑工程的脚手架；不适用于房屋加层、构筑物及附属工程脚手架。

（2）单层建筑综合脚手架适用于檐高 20 m 以内的单层建筑工程。

凡单层建筑工程执行单层建筑综合脚手架项目，二层及二层以上的建筑工程执行多层建筑综合脚手架项目；地下室部分执行地下室综合脚手架项目。

（3）综合脚手架中包括外墙砌筑及外墙粉饰，3.6 m 以内的内墙砌筑及混凝土浇捣用脚手架以及内墙面和天棚粉饰脚手架。

（4）执行综合脚手架，有下列情况者，可另执行单项脚手架相应项目。

1）满堂基础高度（垫层上皮至基础顶面）>1.2 m 时，按满堂脚手架基本层定额乘以系数 0.3。高度超过 3.6 m 时，每增加 1 m 按满堂脚手架增加层定额乘以系数 0.3。

2）砌筑高度在 3.6 m 以外的砖内墙，按单排脚手架定额乘以系数 0.3；砌筑高度在 3.6 m 以外的砌块内墙，按相应双排外脚手架定额乘以系数 0.3。

3）室内墙面粉饰高度在 3.6 m 以外的执行内墙面粉饰脚手架项目。

4）室内墙面粉饰高度在 3.6 m 以外的，可增列天棚满堂脚手架，室内墙面装饰不再计算墙面粉饰脚手架，只按每 100 m² 墙面垂直投影面积增加改架一般技工 1.28 工日。

5）室内浇筑高度在 3.6 m 以外的混凝土墙，按单排脚手架定额乘以系数 0.3；室内浇筑高度在 3.6 m 以外的混凝土独立柱、单（连续）梁执行双排外脚手架定额项目乘以系数 0.3；室内浇筑高度在 3.6 m 以外的楼板，执行满堂脚手架定额项目乘以系数 0.3。

6）女儿墙砌筑或浇筑高度>1.2 m 时，可按相应项目计算脚手架。

3.单项脚手架

凡不适宜使用综合脚手架的项目，可按相应的单项脚手架项目执行。

（1）建筑物外墙脚手架，设计室外地坪至檐口的砌筑高度在 15 m 以内的按单排脚手架计算；砌筑高度在 15 m 以外或砌筑高度虽不足 15 m，但外墙门窗及装饰面积超过外墙表面积 60%时，执行双排脚手架项目。

（2）外脚手架消耗量中已综合斜道、上料平台、护卫栏杆等。

（3）建筑物内墙脚手架，设计室内地坪至板底（或山墙高度的 1/2 处）的砌筑高度在 3.6 m

以内的执行里脚手架项目。

（4）砌筑高度在 1.2 m 以外的屋顶烟囱的脚手架，按设计图示烟囱外围周长另加 3.6 m 乘以烟囱出屋顶高度以面积计算，执行里脚手架项目。

（5）砌筑高度在 1.2 m 以外的管沟墙及砖基础，按设计图示砌筑长度乘以高度以面积计算，执行里脚手架项目。

（6）围墙脚手架，室外地坪至围墙顶面的砌筑高度在 3.6 m 以内的，按里脚手架计算，砌筑高度在 3.6 m 以外的，执行单排外脚手架项目。

（7）石砌墙体，砌筑高度在 1.2 m 以外时，执行外脚手架项目。

（8）大型设备基础，凡距地坪高度在 1.2 m 以外的，执行双排外脚手架项目。

（9）挑脚手架适用于外檐挑檐等部位的局部装饰。

（10）悬空脚手架适用于有露明屋架的屋面板勾缝、油漆或喷浆等部位。

（11）整体提升架适用于高层建筑的外墙施工。

4.其他脚手架

电梯井架是一种专门用于电梯安装和维护的脚手架，每一电梯台数为一孔。

（二）垂直运输

（1）垂直运输工作内容，包括单位工程在合理工期内完成全部工程项目所需要的垂直运输机械台班，不包括机械的场外往返运输、一次安拆及路基铺垫和轨道铺拆等的费用。

（2）檐高 3.6 m 以内的单层建筑，不计算垂直运输机械台班。

（3）本定额层高按 3.6 m 考虑，超过 3.6 m 者，应另计层高超高垂直运输增加费，每超过 1 m，其超高部分按相应定额增加 10%，超高不足 1 m 按 1 m 计算。

（4）垂直运输是按现行工期定额中规定的二类地区标准编制的，一、三类地区按相应定额分别乘以系数 0.95 和 1.1。

（三）建筑物超高增加费

建筑物超高增加人工、机械定额适用于单层建筑物檐口高度超过 20 m，多层建筑物超过 6 层的项目。

（四）大型机械设备进出场及安拆

1.大型机械进出场及安拆费

大型机械进出场及安拆费是指机械整体或分体自停放场地运至施工现场或由一个施工地点运至另一个施工地点，所发生的机械进出场运输和转移费用，以及机械在施工现场进行安装、拆卸所需的人工费、材料费、机械费、试运转费和安装所需的辅助设施的费用。

2.塔式起重机及施工电梯基础

（1）塔式起重机轨道铺拆以直线形为准，如铺设弧线形时，定额乘以系数 1.15。

（2）固定式基础适用于混凝土体积在 10 m³ 以内的塔式起重机基础，如超出者按实际混凝土工程、模板工程、钢筋工程分别计算工程量，按定额"混凝土及钢筋混凝土工程"相应项目执行。

（3）固定式基础如需打桩，打桩费用另行计算。

3.大型机械安拆费

（1）机械安拆费是安装、拆卸的一次性费用。

（2）机械安拆费中包括机械安装完毕后的试运转费用。

（3）柴油打桩机的安拆费中，已包括轨道的安拆费用。

（4）自升式塔式起重机安拆费是按塔高45 m确定的，檐高>45 m且≤200 m，塔高每增高10 m，按相应定额增加费用10%，尾数不足10 m按10 m计算。

4.大型机械进出场费

（1）进出场费中已包括往返一次的费用，其中回程费按单程运费的25%考虑。

（2）进出场费中已包括臂杆、铲斗及附件、道木、道轨的运费。

（3）机械运输路途中的台班费，不另计取。

5.运输费

大型机械现场的行驶路线需修整铺垫时，其人工修整可按实际计算。同一施工现场各建筑物之间的运输定额按100 m以内综合考虑。如转移距离超过100 m，在300 m以内的，按相应场外运输费用乘以系数0.3；在500 m以内的，按相应场外运输费用乘以系数0.6；使用道木铺垫按15次摊销，使用碎石零星铺垫按一次摊销。

（五）施工排水、降水

（1）轻型井点以50根为一套，喷射井点以30根为一套，使用时累计根数轻型井点少于25根，喷射井点少于15根，使用费按相应定额乘以系数0.7。

（2）井管间距应根据地质条件和施工降水要求，按施工组织设计确定，施工组织设计未考虑时，可按轻型井点管距1.2 m、喷射井点管距2.5 m确定。

（3）直流深井降水成孔直径不同时，只调整相应的黄砂含量，其余不变；PVC-U加筋管直径不同时，调整管材价格的同时，按管子周长的比例调整相应的密目网及铁丝。

（4）排水井分集水井和大口井两种。集水井项目按基坑内设置考虑，井深在4 m以内，按本定额计算，如井深超过4 m时，定额按比例调整。大口井按井管直径分两种规格，抽水结束时回填大口井的人工和材料未包括在消耗量内，实际发生时应另行计算。

二、措施项目量定额计算规则

（一）脚手架工程

1.综合脚手架

综合脚手架按设计图示尺寸以建筑面积计算。

2.单项脚手架

（1）外脚手架、整体提升架按外墙外边线长度（含墙垛及附墙井道）乘以外墙高度以面积计算。

（2）计算内、外墙脚手架时，均不扣除门、窗、洞口、空圈等所占面积。同一建筑物高度不同时，应按不同高度分别计算。

(3)里脚手架按墙面垂直投影面积计算。

(4)独立柱按设计图示尺寸,以结构外围周长另加 3.6 m 乘以高度以面积计算。执行双排外脚手架等额项目乘以系数。

(5)现浇钢筋混凝土梁按梁顶面至地面(或楼面)间的高度乘以梁净长以面积计算。执行双排外脚手架等额项目乘以系数。

(6)满堂脚手架按室内净面积计算,其高度在 3.6~5.2 m 之间时计算基本层,5.2 m 以外,每增加 1.2 m 计算一个增加层,不足 0.6 m 按一个增加层乘以系数 0.5 计算。其计算公式为

$$满堂脚手架增加层=(室内净高-5.2)/1.2$$

(7)挑脚手架按搭设长度乘以层数以长度计算。

(8)悬空脚手架按搭设水平投影面积计算。

(9)吊篮脚手架按外墙垂直投影面积计算,不扣除门窗洞口所占面积。

(10)内墙面粉饰脚手架按内墙面垂直投影面积计算,不扣除门窗洞口所占面积。

(11)立挂式安全网按架网部分的实挂长度乘以实挂高度以面积计算。

(12)挑出式安全网按挑出的水平投影面积计算。

3.其他脚手架

电梯井架按单孔以座计算。

(二)垂直运输工程

(1)建筑物垂直运输机械台班用量,区分不同建筑物结构及檐高按建筑面积计算。地下室面积与地上面积合并计算。

(2)本任务按泵送混凝土考虑,如采用非泵送,垂直运输费按以下方法增加:相应项目乘以调整系数 5% ~ 10%,再乘以非泵送混凝土数量占全部混凝土数量的百分比。

(三)建筑物超高增加费

(1)各项定额中包括的内容指单层建筑物檐口高度超过 20 m,多层建筑物超过 6 层的全部工程项目。但不包括垂直运输、各类构件的水平运输及各项脚手架。

(2)建筑物超高施工增加的人工、机械按建筑物超高部分的建筑面积计算。

(四)大型机械设备进出场及安拆

(1)大型机械安拆费按台次计算。

(2)大型机械进出场费按台次计算。

(五)施工排水、降水

(1)轻型井、喷射井点排水的井管安装、拆除以根为单位计算,使用以"套·天"计算;真空深井、自流深井排水的安装拆除以每口井计算,使用以每口"井·天"计算。

(2)使用天数以每昼夜(24 h)为一天,并按施工组织设计要求的使用天数计算。

(3)集水井按设计图示数量以"座"计算,大口井按累计井深以长度计算。

(六)其他

地下室施工照明措施增加费按地下室建筑面积计算。

三、措施项目清单计量规范

(一)脚手架工程

1.工程量清单信息表

脚手架工程工程量清单信息表如表4-59所示。

措施项目清单计量规范

表4-59　脚手架工程(编码:011702)

项目编码	项目名称	项目特征	计量单位	工程量计算规则	工作内容
011702001	综合脚手架	1.建筑结构形式。 2.檐口高度	m²	按建筑面积计算	1.场内、场外材料搬运。 2.搭、拆脚手架、斜道、上料平台。 3.安全网的铺设。 4.选择附墙点与主体连接。 5.测试电动装置、安全锁等。 6.拆除脚手架后材料的堆放
011702002	外脚手架	1.搭设方式。 2.搭设高度。 3.脚手架材质	m²	按所服务对象的垂直投影面积计算	1.场内、场外材料搬运。 2.搭、拆脚手架、斜道、上料平台。 3.安全网的铺设。 4.拆除脚手架后材料的堆放
011702003	里脚手架				
011702004	悬空脚手架	1.搭设方式。 2.悬挑宽度。 3.脚手架材质	m²	按搭设的水平投影面积计算	
011702005	挑脚手架		m	按搭设长度乘以搭设层数以延长米计算	
011702006	满堂脚手架	1.搭设方式。 2.搭设高度。 3.脚手架材质	m²	按搭设的水平投影面积计算	

2.清单信息解读

(1)使用综合脚手架时,不再使用外脚手架、里脚手架等单项脚手架;综合脚手架适用于能够按"建筑面积计算规则"计算建筑面积的建筑工程脚手架,不适用于房屋加层、构筑物及附属工程脚手架。

(2)同一建筑物有不同檐高时,按建筑物竖向切面分别按不同檐高编列清单项目。

(3)整体提升架已包括2 m高的防护架体设施。

(4)建筑面积计算按《建筑面积计算规范》(GB/T 50353—2005)。

(5)脚手架材质可以不描述,但应注明由投标人根据工程实际情况按照《建筑施工扣件式钢管脚手架安全技术规范》《建筑施工附着升降脚手架管理规定》等规范自行确定。

(二)混凝土模板及支架(撑)

1.工程量清单信息表

混凝土模板及支架工程量清单信息表如表4-60所示。

表4-60　混凝土模板及支架(撑)(编码:011703)

项目编码	项目名称	项目特征	计量单位	工程量计算规则	工作内容
011703001	垫层	基础形状	m²	按模板与现浇混凝土构件的接触面积计算。 1.现浇钢筋砼墙、板单孔面积≤0.3 m²的孔洞不予扣除,洞侧壁模板亦不增加;单孔面积>0.3 m²时应予扣除,洞侧壁模板面积并入墙、板工程量内计算。 2.现浇框架分别按梁、板、柱有关规定计算;附墙柱、暗梁、暗柱并入墙内工程量内计算。 3.柱、梁、墙、板相互连接的重叠部分,均不计算模板面积。 4.构造柱按图示外露部分计算模板面积	1.模板制作。 2.模板安装、拆除、整理堆放及场内外运输。 3.清理模板黏结物及模内杂物、刷隔离剂等
011703002	带形基础				
011703003	独立基础				
011703004	满堂基础				
011703005	设备基础				
011703006	桩承台基础				
011703007	矩形柱	柱截面尺寸			
011703008	构造柱				
011703009	异形柱	柱截面形状、尺寸			
011703010	基础梁	梁截面			
011703011	矩形梁				
011703012	异形梁				
011703013	圈梁				
011703014	过梁				
011703015	弧形、拱形梁				
011703016	直形墙	墙厚度			
011703017	弧形墙				
011703018	短肢剪力墙、电梯井壁				

项目编码	项目名称	项目特征	计量单位	工程量计算规则	工作内容
011703019	有梁板	板厚度	m²	按模板与现浇混凝土构件的接触面积计算。 1.现浇钢筋砼墙、板单孔面积≤0.3 m² 的孔洞不予扣除,洞侧壁模板亦不增加;单孔面积>0.3 m² 时应予扣除,洞侧壁模板面积并入墙、板工程量内计算。 2.现浇框架分别按梁、板、柱有关规定计算;附墙柱、暗梁、暗柱并入墙内工程量内计算。 3.柱、梁、墙、板相互连接的重叠部分,均不计算模板面积。 4.构造柱按图示外露部分计算模板面积	1.模板制作。 2.模板安装、拆除、整理堆放及场内外运输。 3.清理模板黏结物及模内杂物、刷隔离剂等
011703020	无梁板				
011703021	平板				
011703022	拱板				
011703023	薄壳板				
011703024	栏板				
011703025	其他板				
011703026	天沟、檐沟	构件类型	m²	按模板与现浇混凝土构件的接触面积计算。	1.模板制作。 2.模板安装、拆除、整理堆放及场内外运输。 3.清理模板黏结物及模内杂物、刷隔离剂等
011703027	雨篷、悬挑板、阳台板	构件类型板厚度		按图示外挑部分尺寸的水平投影面积计算,挑出墙外的悬臂梁及板边不另计算	
011703028	直形楼梯	形状	m²	按楼梯(包括休息平台、平台梁、斜梁和楼层板的连接梁)的水平投影面积计算,不扣除宽度≤500 mm 的楼梯井所占面积,楼梯踏步、踏步板、平台梁等侧面模板不另计算,伸入墙内部分亦不增加	
011703029	弧形楼梯				
011703030	其他现浇构件	构件类型	m²	按模板与现浇混凝土构件的接触面积计算	1.模板制作。 2.模板安装、拆除、整理堆放及场内外运输。 3.清理模板黏结物及模内杂物、刷隔离剂等
011703031	电缆沟、地沟	沟类型沟截面	m²	按模板与电缆沟、地沟接触的面积计算	

项目编码	项目名称	项目特征	计量单位	工程量计算规则	工作内容
011703032	台阶	形状	m²	按图示台阶水平投影面积计算,台阶端头两侧不另计算模板面积。架空式混凝土台阶,按现浇楼梯计算	1.模板制作。 2.模板安装、拆除、整理堆放及场内外运输。 3.清理模板黏结物及模内杂物、刷隔离剂等
011703033	扶手	扶手断面尺寸	m²	按模板与扶手的接触面积计算	

2.清单信息解读

(1)原槽浇灌的混凝土基础、垫层,不计算模板。

(2)此混凝土模板及支撑(架)项目,只适用于以平方米计量,按模板与混凝土构件的接触面积计算,以"m³"计量的模板及支撑(支架),按混凝土及钢筋混凝土实体项目执行,其综合单价中应包含模板支撑(支架)。

(3)采用清水模板时,应在特征中注明。

(4)若现浇混凝土梁、板支撑高度超过3.6 m时,项目特征应描述支撑高度。

(三)垂直运输

1.工程量清单信息表

垂直运输工程量清单信息表如表4-61所示。

表4-61　垂直运输(011704)

项目编码	项目名称	项目特征	计量单位	工程量计算规则	工作内容
011704001	垂直运输	1.建筑物建筑类型及结构形式。 2.地下室建筑面积。 3.建筑物檐口高度、层数	1.m² 2.天	1.按《建筑工程建筑面积计算规范》(GB/T 50353—2005)的规定计算建筑物的建筑面积。 2.按施工工期日历天数	1.垂直运输机械的固定装置、基础制作、安装。 2.行走式垂直运输机械轨道的铺设、拆除、摊销

2.清单信息解读

(1)建筑物的檐口高度是指设计室外地坪至檐口滴水的高度(平屋顶系指屋面板底高度)、突出主体建筑物屋顶的电梯机房、楼梯出口间、水箱间、瞭望塔、排烟机房等不计入檐口高度。

(2)垂直运输机械指施工工程在合理工期内所需垂直运输机械。

(3)同一建筑物有不同檐高时,按建筑物的不同檐高做纵向分割,分别计算建筑面积,以不同檐高分别编码列项。

(四)超高施工增加

1.工程量清单信息表

超高施工增加工程量清单信息表如表4-62所示。

表4-62　超高施工增加(011705)

项目编码	项目名称	项目特征	计量单位	工程量计算规则	工作内容
011705001	超高施工增加	1.建筑物建筑类型及结构形式。 2.建筑物檐口高度、层数。 3.单层建筑物檐口高度超过20 m,多层建筑物超过6层部分的建筑面积	m²	按《建筑工程建筑面积计算规范》(GB/T 50353—2005)的规定计算建筑物超高部分的建筑面积	1.建筑物超高引起的人工工效降低以及由于人工工效降低引起的机械降效。 2.高层施工用水加压水泵的安装、拆除及工作台班。 3.通讯联络设备的使用及摊销

2.清单信息解读

(1)单层建筑物檐口高度超过20 m,多层建筑物超过6层时,可按超高部分的建筑面积计算超高施工增加。计算层数时,地下室不计入层数。

(2)同一建筑物有不同檐高时,可按不同高度的建筑面积分别计算建筑面积,以不同檐高分别编码列项。

四、措施项目典型训练

【例4.17】　现浇混凝土框架柱如图4-50所示,数量为80根,使用钢管脚手架,计算脚手架工程量。

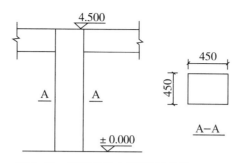

图 4-50　现浇混凝土框架柱(单位:mm)

解　现浇混凝土框架柱脚手架工程量 $=(0.45×4+3.6)×4.5×80=1\,944.00$ m²

【例 4.18】　某宿舍剖面图如图 4-51 所示,使用钢管脚手架,计算建筑物外墙脚手架、内墙脚手架的工程量。

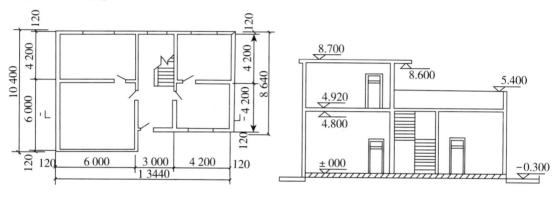

图 4-51　某宿舍剖面图(单位:mm)

解　(1)定额综合脚手架工程量 $=(6.24×10.44)×2+(3+4.2)×8.64=192.50$ m²

(2)定额 6 m 以内外墙脚手架工程量 $=[(3+4.2)×2+8.64]×(5.4+0.3)+8.64×(8.7-4.92)$
$=163.99$ m²

(3)定额 10 m 以内外墙脚手架工程量 $=[(6.24+10.44)×2-8.64]×(8.7+0.3)=222.48$ m²

(4)定额内墙脚手架工程量 $=[6-0.24+4.2-0.24+(4.2-0.24)×4]×4.8+(6-0.24)×(8.6-4.92)=143.89$ m²

【例 4.19】　某民用建筑工程为现浇混凝土结构,主楼部分为 20 层,檐口高度为 80 m,裙楼部分为 8 层,檐口高度为 36 m,9 层以上每层建筑面积为 650 m²,8 层部分每层建筑面积为 1 000 m²,试计算垂直运输工程量。

解　(1)计算主楼部分工程量为

$$S_{主}=650×20=13\,000 \text{ m}^2$$

(2)计算裙楼部分工程量为

$$S_{裙}=(1000-650)×8=2\,800 \text{ m}^2$$

实训工单十　措施项目计量与计价

姓名：	学号：	日期：
班级组别：	组员：	

1.实训资料准备

《2016 河南省房屋建筑与装饰工程预算定额摘录》

单位:元

定额编号	项目	单位	人工费	材料费	机械费	管理费和利润
17-1	单层建筑综合脚手架 建筑面积 500 m² 以内	100 m²	1 805.49	1 017.8	292.85	764.9
17-75	垂直运输 20 m(6 层)以内卷扬机施工 砖混结构	100 m²	—	—	1631.39	432.16
17-129	进出场费 履带式 挖掘机 1 m³ 以内	台次	1 020.28	128.95	2 607.56	720.25

2.实训表格

分部分项工程量清单计算表

序号	项目编码	项目名称	项目特征描述	计量单位	工程量	计算过程
1	011701001001	综合脚手架				
2	011703001001	垂直运输				

计价工程量计算表

序号	项目编码	项目名称	计量单位	数量	计算过程
1	17-1	单层建筑综合脚手架 建筑面积 500 m² 以内			
2	17-75	垂直运输 20 m(6 层)卷扬机施工 砖混结构			
3	17-129	进出场费 履带式 挖掘机 1 m³ 以内			

综合脚手架　综合单价分析表

项目编码	011701001001	项目名称	综合脚手架	计量单位		工程量	
清单综合单价组成明细							
定额编号	定额项目名称	定额单位	数量	单价/元				合价/元			

定额编号	定额项目名称	定额单位	数量	人工费	材料费	机械费	管理费和利润	人工费	材料费	机械费	管理费和利润
17-1	单层建筑综合脚手架 建筑面积 500 m² 以内										
人工单价			小计								
高级技工 201 元/工日；普工 87.1 元/工日；一般技工 134 元/工日			未计价材料费								
清单项目综合单价											

垂直运输　综合单价分析表

项目编码	011703001001	项目名称	垂直运输	计量单位		工程量	
清单综合单价组成明细							

定额编号	定额项目名称	定额单位	数量	人工费	材料费	机械费	管理费和利润	人工费	材料费	机械费	管理费和利润
17-1 17-75	垂直运输 20 m（6 层）以内卷扬机施工 砖混结构										
17-129	进出场费 履带式挖掘机 1 m³ 以内										
人工单价			小计								
高级技工 201 元/工日；普工 87.1 元/工日；一般技工 134 元/工日			未计价材料费								

 学生互评

小组之间按照统一标准,对各小组回答问题、完成任务的过程及结果进行互评。

完成任务　成绩评定表

姓名:　　　　班级:　　　　学号:　　　　学习任务:　　　　组长:　　　　教师:

序号	考评项目	考核内容	分值	教师评分（权重0.6）	组长评分（权重0.2）	自我评分（权重0.2）
1	学习态度	出勤率、听课态度、实训表现等	2			
2	学习能力	课堂回答问题、完成学生工作页情况、完成练习题情况	2			
3	操作能力	计算、实操记录、作品成果质量	3			
4	团队成绩	所在小组完成任务质量、速度情况	3			
		合计	10			
综合评价						

参 考 文 献

[1]中华人民共和国住房和城乡建设部.建设工程工程量清单计价规范:GB 50500—2013 [S].北京:中国计划出版社,2013.

[2]河南省建筑工程标准定额站.河南省房屋建筑与装饰工程预算定额:2016:上、下册 [M].北京:中国建材工业出版社,2016.

[3]全国造价工程师职业资格考试培训教材编审委员会.建设工程计价[M].北京:中国计划出版社,2021.

[4]中华人民共和国住房和城乡建设部.建筑工程建筑面积计算规范:GB/T 50353—2013 [S].北京:中国计划出版社,2014.

[5]吴继伟.建筑施工技术[M].杭州:浙江大学出版社,2015.

[6]全国造价工程师职业资格考试培训教材编审委员会.建设工程造价管理基础知识[M]. 北京:中国计划出版社,2021.

[7]李中原,牛志鹏.建设工程监理概论[M].西安:西北工业大学出版社,2012.

[8]肖明和,关永冰,胡安春.建筑工程计量与计价实务[M].北京:北京理工大学出版社,2022.

[9]赵霞,黄伟典.建筑工程计量与计价[M].大连:大连理工大学出版社,2022.

[10]全国造价工程师职业资格考试培训教材编审委员会.建设工程造价案例分析[M].北京:中国城市出版社,2023.

[11]高红孝,边玉超.工程量清单计价[M].北京:北京出版社,2021.

[12]牛志鹏.建筑工程施工综合实训[M].重庆:重庆大学出版社,2016.

[13]顾娟.建筑工程计量与计价[M].北京:科学出版社,2020.